U0214195

本书研究获   国家自然科学基金重点项目（41030743）   资助
国家自然科学基金青年基金项目（41001243）

中国东北
典型沼泽湿地自然保护区遥感监测

那晓东　著

科学出版社
北京

内 容 简 介

本书以中国东北地区三江与松嫩平原典型淡水沼泽湿地保护区为典型案例，综合利用"3S"技术结合遥感信息源与地学辅助信息源，对湿地保护区周边短时期高强度人为干扰下，地表覆盖现状及其历史动态变化情况进行遥感监测，分析人为及自然因素干扰下自然保护区景观格局的动态变化及植被演替的过程。同时，本书还建立了保护区珍稀水禽繁殖栖息地适宜性因子的遥感信息提取与质量评价的方法体系；对保护区湿地管理存在的问题与对策进行了分析展望。

本书可供各级自然资源管理部门，生态、农业开发、政策研究等方面的专家和管理干部参考，也可供高等院校和科研单位有关地理科学、遥感、地理信息系统、生态规划、生态保护与环境规划等专业的师生及研究人员参考。

图书在版编目 (CIP) 数据

中国东北典型沼泽湿地自然保护区遥感监测 / 那晓东著. —北京：科学出版社，2014.3

ISBN 978-7-03-040231-8

Ⅰ.①中… Ⅱ.①那… Ⅲ.①遥感技术–应用–沼泽化地–自然保护区–监测–东北地区 Ⅳ.①S759.992.3

中国版本图书馆 CIP 数据核字（2014）第 048371 号

责任编辑：林 剑 / 责任校对：张怡君
责任印制：徐晓晨 / 封面设计：耕者工作室

科 学 出 版 社 出版
北京东黄城根北街 16 号
邮政编码：100717
http://www.sciencep.com

北京京华虎彩印刷有限公司 印刷
科学出版社发行 各地新华书店经销

*

2014 年 3 月第 一 版 开本：720×1000 1/16
2017 年 4 月第二次印刷 印张：10 1/4
字数：250 000

定价：168.00 元
（如有印装质量问题，我社负责调换）

前　　言

　　湿地是生态系统重要的组成部分，在调蓄洪水、调节河川径流、补给地下水和维持区域水平衡及维持野生动植物种群存续等方面均具有重要的意义。20世纪以来人类活动已经成为影响全球环境变化的最主要驱动因素，随着人口增长与土地资源减少之间矛盾的日益突出，湿地被大面积开垦，湿地面积日益减少，湿地的生物多样性遭到严重的干扰和破坏。全球湿地伴随着全球化进程的加快而不断遭到破坏，湿地保护成为一个世界性的问题。及时、准确地获取湿地变化信息是对湿地资源保护、利用和可持续发展的有力支持。遥感和地理信息系统技术的快速发展，为研究地球表面各种时空信息、特别是动态变化提供了良好的手段；并且为湿地资源的周期性动态监测提供了有效的信息源。但是，由于湿地遥感影像上的光谱特征和空间特征对环境背景的依赖性较大，而且往往存在"同物异谱"和"同谱异物"现象，仅仅依靠光谱差异很难显著地提高分类精度。传统的湿地监测方法成本较高、费时、费力而且积水区通常难以接近，探索自动、高效的湿地遥感分类方法是目前湿地景观研究中面临的挑战。

　　东北地区是我国淡水沼泽湿地主要的分布区之一，沼泽面积占全国沼泽面积的1/4，具有景观类型多样、发育典型等特点，备受国内外研究人员的重视。20世纪50年代，人们对东北地区进行了大面积开发，随着湿地景观结构的改变，湿地功能日益下降。为了保护我国东北地区日益稀缺的湿地资源，中国政府建立了扎龙、洪河、三江等自然保护区，这三个自然保护区也被拉姆萨尔湿地公约组织列入国际重要湿地名录。然而，被农田包围的形似"孤岛"的自然保护区，由于周边人类活动日益加剧，正面临着自然湿地生境消失和退化的窘境，其作为自然基因库的功能正在逐渐丧失。关于短时期高强度的农业开发是否导致湿地植被的逆向演替及湿地生态系统的退化，湿地生境的变化对珍稀水禽栖息地的质量会产生多大程度的影响等问题依然存在争议。20世纪80年代初期以来，"3S"技术迅速成为景观生态学研究的重要技术支撑手段，极大地促进了景观定量研究的发展和景观结构、格局及动态分析的不断深入。将景观生态学的理论和方法应用于沼泽湿地时空变化的研究中，可以揭示保护区周边土地利用变化的时空动态特征，进而剖析沼泽湿地保护与利用面临的主要问题。

　　本书以我国东北地区三江平原与松嫩平原典型淡水沼泽湿地保护区为案例，

综合利用"3S"技术结合遥感信息源与地学辅助信息源，对湿地保护区周边短时期高强度人为干扰下，地表覆盖现状及其历史动态变化情况进行遥感监测，分析人为及自然因素干扰下自然保护区景观格局的动态变化及植被演替的过程，并且建立了保护区珍稀水禽栖息地的适宜性评价模型，对典型水禽栖息地的生境质量进行评价。本书的研究结果不仅丰富和发展了湿地的遥感监测方法，而且可为地方规划者和政府决策者提供决策支持。全书共分6章，包括绪论、保护区湿地遥感监测的内容与焦点、基于决策树模型的湿地景观多源遥感监测、保护区湿地景观格局动态变化及驱动机制、保护区水禽栖息地生境因子监测与质量评价、保护区湿地管理的对策措施。

本书由国家自然科学基金重点项目（41030743）与国家自然科学基金青年基金项目（41001243）联合资助。感谢前辈、同行、朋友和参与课题的博士生、硕士生的辛勤劳动和工作，全书由那晓东策划、组织和执笔，刘蕾、裴雪原、乔艳雯、李苗、郭殿繁、周海涛、亢红霞、平跃鹏等参与本书部分撰写和制图工作。由于作者水平有限，再加之湿地遥感监测研究本身正处于发展时期，许多问题尚无定论，书中不足之处在所难免，恳请各位专家、学者和广大读者指正与赐教。本书在编写过程中，参阅了大量国内外有关地学的著作和作品，未能一一注明，请有关作者见谅。

那晓东
2013 年 10 月

目　　录

中国东北典型沼泽湿地自然保护区遥感监测

1 绪 论

1.1 湿地保护区遥感监测的背景

湿地是水域和陆地相交错而成的一类独特的生态系统类型,是人类重要的生存环境,也是最富生物多样性的景观之一。由于湿地兼有水陆生态系统的两种特征,具有多种生态功能和经济与社会价值,是众多生物重要的生存环境和自然界最富生物多样性的生态系统,湿地保护区也就成为地球生物圈保护区的重要组成部分。然而,近现代以来由于人类不合理开发利用,导致湿地资源的严重破坏,引发了以水禽和水生生物为代表的湿地生物多样性丧失、湿地类型和面积锐减、湿地保障功能日趋下降等一系列问题。因此,湿地日益受到世界各国众多学科学者与政府管理部门的关注,自 20 世纪 80 年代以来逐渐成为生态学研究的热点。同时,对湿地生物多样性的保护尚缺乏系统、有效的方法,特别是中国自然保护区对于湿地的保育与恢复多是在"抢救式保护"的观念指导下进行的,缺乏实时、高效的监测手段及保护有效性评估,致使许多重要的、典型的湿地生态系统尚未被全部纳入监测与保护体系内。

中国是世界上湿地资源非常丰富的国家之一,自 1992 年加入《关于特别是作为水禽栖息地的国际重要湿地公约》后,国内湿地自然保护区数目增加很快。2011 年中国共建立湿地自然保护区 614 个,其中国家级湿地自然保护区 91 个,对湿地、珍稀水禽以及我国大江大河源头、主要河流入海口、候鸟繁殖和越冬栖息地等发挥了重要的保护作用(郑姚闽等,2012)。同时近 30 年的社会经济高速发展也使得湿地退化趋势日益严峻。国家林业局的统计资料显示,在重点调查的 376 块湿地中,114 块面临盲目开垦、98 块面临污染、91 块面临生物资源过度利用、25 块面临水资源不合理利用的威胁(杨志峰等,2012)。湿地退化不仅导致湿地生物多样性以前所未有的速度丧失，也直接危及社会经济的可持续发展。因此，结合遥感和地理信息系统技术，探讨湿地的遥感监测方法与湿地景观格局的动态演变过程，建立驱动力分析模型对湿地保护体系的有效性进行评估，最终确定未来湿地保护的优先区域，是我国湿地保护宏观战略所面临的迫切需求。

三江平原河流众多，由于历史河道变迁频繁，在该区形成了森林、灌丛、草甸等植被类型，发育了沼泽、河流、湖泊、草甸等多种天然湿地生态系统。其生境之复杂、湿地类型之丰富在全球温带地区十分突出。三江平原沼泽湿地是黑龙江、乌苏里江等诸多河流的发源地，具有调节气候、调蓄洪水、净化水质、涵养水源的重要功能。20世纪50年代起，由于人类对三江平原的过度开发，使得该区域的沼泽湿地资源的数量和质量急剧下降。到2003年，已有80%的天然湿地被开垦为农田，而且湿地的面积仍在继续减少。如果这种情况得不到有效遏制，未来的20年内三江平原的天然沼泽湿地将消失殆尽。为了保护三江平原日益稀缺的湿地资源，中国政府建立了洪河自然保护区和三江自然保护区，这两个保护区于2002年被拉姆萨尔湿地公约组织列入国际重要湿地名录。然而，被农田包围的形似"孤岛"的自然保护区，由于周边人类活动加剧，正日益面临自然湿地生境消失和退化的窘境，其作为自然基因库的功能正在逐渐丧失。目前，三江平原湿地主要集中分布在仅存的几个自然保护区及漫滩河流两岸。但由于保护区周边区域农业耕作强度的增加、水资源消耗加剧等，湿地区水位降低，间接影响与改变了水文环境，致使湿地生态系统逆向演替加剧，加速了湿地生态系统的退化过程。同时，由于个别保护区湿地监管力度不足，湿地农业开发仍在进行，湿地人为削减问题依然存在，湿地保护工作缺乏有效监督与科学评价。关于三江平原短时期高强度的农业开发是否导致湿地植被的逆向演替及湿地生态系统的退化，保护区建立后其内部的湿地是否得到了有效的保护等问题依然存在争议。本书探讨基于多源遥感影像的湿地景观格局监测方法，将遥感影像的光谱特征、纹理特征及辅助地学信息等多种数据源纳入决策规则，以我国所剩为数不多的典型淡水沼泽湿地分布区——三江平原为例，评价该方法湿地信息提取中的分类精度，验证决策树分类方法在兼容多源数据提取我国典型内陆淡水沼泽湿地相关数据的可行性；定量研究在人类活动直接或间接的影响下，湿地生态系统景观与群落发生变化的过程及其驱动机理，以指导湿地生态系统的保护与管理。

扎龙国家级湿地自然保护区位于松嫩平原西部，是我国首批列入《国际重要湿地名录》的湿地之一，也是我国丹顶鹤重要的繁殖地。近年来，随着区域经济的发展，工农业生产用水量剧增，诱发大量水利工程设施建设；穿过湿地的公路和铁路建设，造成湿地天然补水机制和湿地水文结构被破坏，导致湿地缺水状况严重、自然湿地面积逐渐减少、原始景观格局遭到破坏、栖息地质量明显下降，区域生态环境日趋恶化，直接危及丹顶鹤等珍稀水禽的生存和繁衍。随着人们对湿地价值的重新认识，水禽栖息地的保护和湿地生态系统的综合研究和保护逐渐得到重视。针对当前野生动物栖息地现状，国内外众多学者在景观生态学与保护生物学理论的指导下，结合原有的栖息地研究工作基础，借助地理信息系统与遥感成像等先进技术手段，开展珍稀水禽栖息地的监测及质量评价研究。本书结合地面的巢址调查及生境因子的实地观测，确定扎龙保护区丹顶鹤巢址选择的影响因素及评价指标。综合运用精确的空间信息技术平台［包括多源遥感影像、地理信息系统、全球定位系统（global positioning system，GPS）等］，定量提取研究区丹顶鹤栖息地的生境因子及其空间结构特征（如植被类型、盖度、巢下水深、与人为干扰的距离、巢址周围的纹理特征等），从而预测丹顶鹤繁殖栖息地的空间分布位置，并基于以上特征参量建立适宜性评价模型评价研究区丹顶鹤栖息地的质量，从而为保护区管理，尤其是为珍禽栖息地的管理和建设提供理论依据。

1.2 湿地保护区遥感监测的意义

湿地是地球上最重要的生态系统之一，具有很高的社会效益、经济效益和科学研究价值。然而，由于各种自然因素和人为因素的影响，越来越多的湿地转化为农业用地和城市建设用地，这种湿地质量和数量的变化已引起人们的广泛关注。全球人口的持续增长，对土地利用提出了更高的要求，湿地资源面临巨大压力，需要对这一有价值的生态系统进行科学的管理和保护，采用新技术与新方法实时、动态地监测其变化，准确掌握各类湿地的分布状况及动态变化趋势，为湿地的保护、管理和退化湿地的生态恢复提供科学决策依据，从而实现湿地资源的可持续发展。本书从典型沼泽湿地分类和制图方法、湿地景观格局动态变化及驱动机制、典型水禽栖息地生境质量监测等方面，论述湿地遥感监测方法在我国东北湿地自然保护区中的应用。

湿地监测方法可分为传统的地面调查和遥感监测，蓬勃兴起的空间信息技术（遥感、地理信息系统）极大地提高了湿地自然资源与环境监测能力，缩短了成图周期。现有湿地遥感信息提取方法多采用航空相片和卫星图片作为数据源，其时间、空间和光谱分辨率的提高以及多学科方法的融合进一步推动了湿地识别及分类技术的发展。但是，由于湿地在遥感影像上的光谱特征和空间特征对环境背景的依赖性较大，而且往往存在"同物异谱"和"同谱异物"现象，仅仅依靠光谱差异的硬分类方法会造成地物类型的误判。因此迫切需要采用一种可靠的、自动化的方法提取湿地的空间分布并进行湿地制图。

位于水陆交汇地带的湿地，拥有丰富的生物多样性，被誉为物种基因库。湿地保护了许多珍稀濒危野生动植物种，尤其是为各种水禽提供了丰富的食物和多种多样的栖息地。栖息地是指个体、种群或群落在其某一生活史阶段（如繁殖期+越冬期）所占据的环境类型，是其进行各种生命活动的场所。栖息地选择行为表明可供选择的栖息地之间存在差异，而这些有差异的栖息地恰好为野生动物提供了不同的生态环境，从而影响着它们的生存与繁衍（Russell et al.，2007）。因此，湿地自然保护区野生动物栖息地监测和适宜性评价的研究意义重大，是动物学研究的一个基本而又重要的领域（Hanski and Gaggiotti，2004），是开展珍稀濒危物种保护及生物多样性保护的基础。

本书介绍了将遥感影像的光谱特征、纹理特征及辅助地学信息等多种数据源纳入决策规则的方法，评价该方法在湿地信息提取中的分类精度，验证了决策树分类方法在兼容多源数据提取我国东北地区典型内陆淡水沼泽湿地的可行性。在此基础上分析湿地保护区景观格局的变化过程，探讨高强度的自然与人为干扰对自然保护区的影响。研究典型水禽栖息地生境因子的遥感反演方法，建立栖息地的生境适宜性评价模型，监测栖息地生境质量的变化。

2 保护区湿地遥感监测的内容与焦点

2.1 湿地自然保护区遥感监测的内容

2.1.1 保护区湿地景观多源遥感监测方法研究

本书将集成遥感影像光谱特征、纹理特征及地学辅助数据（地形、地貌特征）、野外实测地物类型光谱解译标志，使用遥感、地理信息系统、GPS 技术、数学模型和统计学相关统计分析方法，研究基于规则兼容多源遥感数据与地理辅助数据的湿地分类与信息提取方法。结合地面采样验证，分析多源、多尺度遥感信息源中沼泽湿地及研究区其他典型地物类型的光谱特征与纹理特征，遴选出多源数据中具有最优分类能力的属性集合。研究基于决策规则兼容遥感数据的光谱特征、纹理特征与地学辅助数据的湿地分类与信息提取方法，依据样本学习构建沼泽湿地信息提取的决策规则。基于野外实测数据评价该方法的分类精度，并与传统的计算机自动分类方法的精度进行对比。以混淆矩阵及 Kappa 系数作为评价指标，定量分析不同分类方法的差异。评价遥感影像的波段光谱特征、植被指数、光谱增强变换、纹理特征和地学辅助数据能在多大程度上提高沼泽湿地及其周围土地利用/覆盖类型的分类精度；并进一步探索多个树分类器组合的随机森林机器学习方法在湿地遥感信息提取中的优势和可行性。

2.1.2 保护区湿地景观格局动态变化监测与时空分异研究

基于研究区 1976 年、1986 年、2000 年、2004 年、2005 年五期遥感影像，将分类后的遥感影像进行叠加分析，获取景观转移矩阵。该方法有效避免了变化监测过程中由辐射归一化处理及传感器的差异而引入的误差。采用景观指数来反映不同时期湿地景观格局的空间分异，探讨三江平原直接和间接人为干扰对内部保护区景观格局变化的影响。本书的景观动态变化分析分为两个尺度：区域尺度的景观动态变化分析研究三江平原在高强度的人为干扰下湿地景观与农田景观的转换过程，关注直接和间接的人为干扰对其内部洪河自然保护区和三江保护区景观格局变化和湿地植被退化的影响及其驱动因素，发现威胁保护区湿地生态系统安全及可持续发展的关键问题，进而为保护区的湿地保护与管理工作提供决策支持。湿地景观格局变化与驱动机制研究内容的结构关系图如图 2-1 所示。

中
国
东
北
典
型
沼
泽
湿
地
自
然
保
护
区
遥
感
监
测

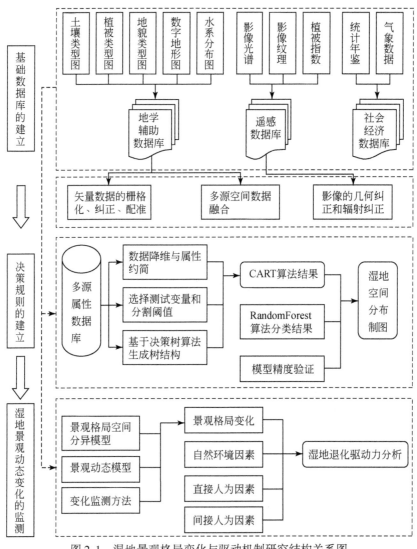

图 2-1　湿地景观格局变化与驱动机制研究结构关系图

2.1.3 保护区典型水禽生境因子监测与栖息地质量评价研究

本书选择丹顶鹤作为典型珍稀水禽物种，结合地面观测，定量认识水禽在繁殖时期对于营巢与觅食地的生境选择模式。建立水禽栖息地组分与结构特征的遥感反演指标体系，采用像元分解模型法反演湿地植被盖度，选择适宜的决策树算法，兼容多源数据的光谱特征、纹理特征及地学辅助特征对研究区进行土地覆盖分类，提取明水面、道路、居民地等要素及芦苇湿地的空间分布范围。将面向雷

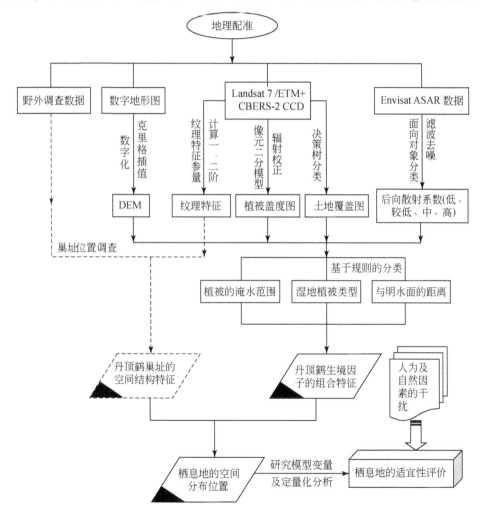

图 2-2 典型水禽栖息地适宜性评价研究结构图

达影像与 Landsat ETM+影像的植被分类数据及坡度图纳入基于规则的 GIS 模型中，以确定植被冠层下积水区的空间分布位置。根据多源遥感影像上反演的研究区微观尺度上的生境因子及宏观尺度上的生境结构及空间组合特征的差异，建立适宜性评价模型对典型水禽栖息地的生境质量进行评价（图 2-2）。

2.2　湿地遥感监测的国内外研究综述

2.2.1　湿地景观多源遥感监测方法研究进展

湿地植被群落的构成及变化是影响湿地生态系统过程和功能的重要因子（Ross et al.，2006）。湿地植被变化监测的数据常用于计算湿地景观指数并用于监测景观在一段时间内的状态及变化趋势（Jones et al.，1997）。准确地识别湿地植被的空间分布位置及变化，并监测其周围土地覆盖类型的变化，对湿地的有效管理、湿地退化过程的防治，以及政策法规的制定和后续的土地利用活动具有重要的指导意义。

传统的野外采样方法覆盖范围小、花费时间多，积水区难以接近，并且采样过程对湿地具有破坏性。这给传统的地面调查方法监测湿地带来了困难。遥感技术的蓬勃发展，为资源环境空间信息获取提供了先进的技术手段。它具有覆盖范围广、信息量大、更新时间快的特点，而且遥感影像是以数字化的格式存储，易与地理信息系统兼容，在大面积的湿地制图中，应用卫星遥感影像要比航片更能节省时间和成本。因此采用遥感影像监测湿地信息特别适用于资金有限的发展中国家，并且适用于湿地的面积、湿地周围的土地利用状况及湿地递减的速率等辅助信息并不明确的情况。但是，由于湿地在遥感影像上的光谱特征和空间特征对环境背景的依赖性较大，而且往往存在"同物异谱"和"同谱异物"现象，仅仅依靠光谱差异的硬分类方法在地表状况复杂的地区往往难以得到较高的精度（Stehman et al.，2003）。多年来，国内外学者一直都在探求能够自动、高效地实现湿地遥感信息提取的方法，研究思路大体分为两种：一是综合利用多源数据；二是研究新的分类算法。

随着遥感技术的发展，由各种卫星传感器对地观测获取同一地区的多源遥感影像数据越来越多，为对地观测提供了多分辨率、多波段、多时相的多种遥感影像数据。与单源遥感影像数据相比，多源遥感影像数据所提供的信息具有冗余性、互补性和合作性（韩玲等，2005），多源遥感影像数据的冗余性表示它们对环境或目标的表示、描述或解译结果相同，冗余信息的应用，可降低误差和不确定性，提高识别率和精确度；互补性是指信息来自不同的自由度且相互独立，互补信息的应用，能提高最终结果的可信度；合作性是不同传感器在观测和处理信息时对其他信息有依赖关系，合作信息的应用，可提高协调性能。因此，把多源遥感影像数据各自的优势结合起来加以利用，并与多源辅助数据相结合，发展多维信息复合的方法对于获得对环境或对象正确的解释是非常重要的。

星载传感器波段数明显增加，提高了地物波谱分辨能力。Landsat TM 影像选用可见光-热红外（0.45～12.5μm）7 个谱段成像：TM1（0.45～0.52μm）为蓝波段，对水的穿透能力最大，主要用于反映水下信息，同时位于绿色植物叶绿素的吸收区（0.45～0.5μm），对叶绿素与叶绿素浓度反映敏感。TM2（0.52～0.60μm）为绿波段，对植物的绿反射敏感，用于识别植物类别和评价植物生产力。TM3（0.63～0.69μm）为红波段，位于叶绿素的吸收带，用于区分植被类型、覆盖度，判断植物生长状况、健康状况等。TM4（0.76～0.90μm）为近红外波段，位于植物的高反射区，用于植物识别分类，生物调查及作物长势测定。TM5（1.55～1.75μm）为短波红外波段，用于植物水分状况研究和作物长势分析等，从而提高了区分不同作物的能力。TM6（1.04～1.25μm）为热红外波段，该波段对地物热量辐射敏感。TM7（2.08～2.35μm）为中红外波段，该波段位于水的吸收带（1.4～1.92μm）之间，受两个吸收带的控制，对植物水分敏感（赵英时，2004）。国内外学者已通过多光谱陆地卫星传感器（10～30m），如 Landsat 7/ETM+、IRS 及 SPOT 影像制作了多种湿地类型图（Sader et al. , 1995；Narumalani et al. , 1997；Kindscher et al. , 1998；刘振乾等，1999）。相对湿地斑块尺寸而言，陆地卫星的空间分辨率较低，只能区分出沼泽湿地、河流湿地、湖泊湿地、滨海湿地和人工湿地等较粗级的湿地类型，而无法进一步将沼泽湿地分成森林沼泽、灌丛沼泽、草本沼泽、沼泽化草甸、藓类沼泽等更精细的类型。而采用高分辨率遥感影像提取大尺度湿地的空间分布信息往往成本较高。尤其受天气条件的限制，难以获取在湿地生长季的无云图像，而且在植被覆盖度较高的情况下无法穿透植被冠层来探测湿地水分。

当植被覆盖下的地表存在水时，成像雷达发射的电磁波与其相互作用不同于与非泛洪区地表的相互作用。被水淹没的湿地生态系统能引起雷达后向散射显著加强或减弱（Laura et al.，2003）。因此，ERS-1/2、JERS-1 和 RADARSAT 等卫星上搭载的合成孔径雷达（synthetic aperture radar，SAR）影像可以提供植被冠层下的水文及地表状况的信息，并且不受天气条件的影响。有研究表明低频雷达（P 波段、L 波段）适用于探测林下的积水，多用于识别森林沼泽（Hess et al.，1995；Kasischke et al.，1997；Pope et al.，1997；Moghaddam et al.，2003）；而高频雷达（C 波段）适用于探测矮小植被下的积水，多用于识别藓类沼泽和草本沼泽（Hess et al.，1995；Kasischke et al.，1997）。但在 SAR 影像中，某些湿地类型（如藓类沼泽与草本沼泽湿地）因具有相似的回波后向反射特征而无法区分（Horritt et al.，2003）。多极化合成孔径雷达（fully polarimetric SAR）在空间微波遥感领域有十分重要的进展，如 1994 年美国喷气推进实验室（JPL）的 SIR-C SAR 实验、2006 年发射的加拿大 Radarsat-2 SAR 和日本 ALOS SAR。由各极化散射回波的幅度与相位信息反演复杂地表的特征参数，已成为极化散射遥感技术的重要课题。但目前将极化雷达应用于湿地分类与退化监测中的研究还比较少，Horritt 等（2003）应用多极化雷达提取滨海湿地的草本沼泽。但雷达数据处理成本高、影像获取难；同时，由于其较低的空间分辨率以及地形起伏造成的影像阴影效应，限制了雷达遥感在湿地监测中的应用（Lakshmi et al.，1997）。雷达与多光谱遥感信息源的合成突出了湿地的专题信息，增加了解译的可靠性。Townsend 和 Walsh（1998）评价了 Landsat TM 影像与 SAR 影像结合在监测森林地区洪水淹没方面的能力，结果表明将陆地卫星影像及雷达影像兼容到 GIS 模型中是一种提取森林湿地分布的有效方法；黎夏等（2006）将 Landsat TM 影像与 SAR 影像融合识别了珠江口不同的红树林类型。

多季相遥感影像信息的集成提高了湿地遥感分类的能力及精度（Wolter et al.，1995）。有研究表明，在美国的东南部春季的遥感影像最适于进行内陆沼泽湿地的分类（Jensen et al.，1984）。Ramsey 和 Laine（1997）运用多时相的遥感影像改进了对滨海湿地的分类，结合运用不同季相的遥感影像区分挺水植物、浮水植物及明水面。Palylyk 等（1987）运用 5 月和 9 月的 Landsat MSS 影像将加拿大艾伯塔省的森林湿地按植被类型分为针叶林和落叶林覆被类型。Kushwaha 等（2000）结合 IRS-1B LISS-Ⅱ（印度的光学传感器卫星影像）与多时相的 ERS-1 SAR 影像提取了孟加拉西部及印度滨海区域的红树林湿地。研究表明，兼容多时相的 SAR 影像与 Landsat TM 影像在很大程度上改进了湿地信息提取的精度。国内也有不少学者将多波段、多平台和多时相遥感信息（航片、MSS、TM、SPOT 等）相结合的方法应用在三江平原沼泽动态遥感研究（刘兴土等，1985；张树清等，1999）和江汉平原湿地动态遥感研究（蔡述明等，1995）中。张志锋等（2003）探讨了对不同传感器和不同时相的遥感影像进行融合的算法，并对北京野鸭湖湿地资源动态变化进行了研究。

纹理特征也是遥感影像的重要信息，它不仅反映了影像的灰度统计信息，而且反映了地物本身的结构特征和地物的空间排列关系。许多研究表明，原始影像光谱信息加上纹理信息对于提高湿地的分类精度具有较好的作用。在遥感影像中，纹理大多为随机型纹理，服从统计分布，常用基于灰度共生矩阵的方法加以描述。Marceau 等（1990）通过大量实验表明，基于灰度共生矩阵的纹理描述方法可以在很大程度上改进遥感影像的分类精度。

湿地在空间上的分布受地域自然条件的控制和人为因素的干预，往往存在某种地域分异规律。已有研究发现地学辅助数据与遥感影像的光谱特征及纹理特征相结合，可以提高湿地的分类精度。在湿地分类中常用的地学辅助数据包括土壤数据（Sader et al.，1995）、地形或高程数据（赵萍等，2005），以及地质、地貌、气候数据。学者们通常将地学辅助数据作为地理信息系统的数据层被纳入基于规则的湿地分类中。

湿地作为复杂的自然生态系统，由于不同的地表植被及植被冠层下水体与土壤特征差异，其光谱与辐射特征在时间与空间表现了高度异质性。植被类型不同的湿地，其光谱特征有差异；而不同的湿地植被类型，由于其植被垂直结构差异（如草本湿地、灌丛–草本湿地、乔木–草本湿地等）其微波后向散射特征也不同，因而不同的湿地类型具有不同的微波辐射特征；同时不同的湿地类型一般位于不同的地理、地貌部位，即具有独特的地理分布特征。本书将充分利用多源遥感数据中所蕴藏的不同类型湿地的光谱、辐射、纹理及地理空间分布特征，对不同湿地类型景观信息加以辨识与提取。

尽管多源遥感数据在时间和空间上扩展了湿地的观测范围，增强了湿地信息的时空分辨能力，但多源遥感数据也存在着属性冗余、噪音等不确定性问题，对多源遥感数据认识的不足，使遥感数据中隐藏着的丰富知识远远没有得到充分地发掘与利用，造成了"空间数据爆炸但知识贫乏"。分类中多源数据如不能有效地遴选与有机地组合，其分类精度并不一定随着遥感数据源特征数据的增加而提高，过多的冗余属性及噪声数据的参与，不但会增加分类过程的时间复杂度和空间复杂度，而且会引起分类的混淆并导致分类精度的降低（Lei et al.，2007），因而给目前常用的遥感分类与信息提取方法提出了巨大挑战。如何科学地引入现代数字信息处理技术，特别是先进的空间数据挖掘和知识发现（spatial data mining and knowledge discovery，SDMKD）的理论与方法，建立有效兼容并准确挖掘不同数据源（多平台与多波段遥感数据、地学辅助数据等）所蕴藏的湿地光谱、辐射、纹理、地理分布等信息的湿地精细分类与信息提取理论与技术体系，将具有重要的理论意义与实际应用价值。它自动、快速、准确地提取湿地空间分布与变化信息，为水陆交互生态系统——湿地这一宝贵的自然资源的管理与决策提供科学定量依据。

空间数据挖掘面向的对象是空间数据，而遥感数据自动分类识别是空间数据挖掘的重要任务之一。目前利用数据挖掘思想进行遥感分类所包括的主要算法有：基于统计的算法（algorithm based on statistics）、神经网（artificial neural networks）、模糊分类（fuzzy classification）、决策树（decision tree）算法、基于规则算法（rule based algorithm）等，其特点分别有：①基于统计的算法，以最大似然法（MLC）为主要代表，它是在各类密度分布函数为正态的假设条件下基于贝叶斯（Bayes）准则构建起来的，优点是易于解释与实现。但对于高度复杂性和随机性的遥感数据，具有代表性的训练样本点难以获得，分类结果常会偏离实际情况，特别是对于多源数据，MLC法所需的训练样本数量剧增，其计算的效率与精度降低。②神经网，可以发现分类的未知模式，但其分类能力依赖于拓扑结构的设计，且对噪声较为敏感，当输入数据的维度较高时训练时间较长，常收敛于局部最小值，训练结果也难以解释。③模糊分类，模糊集（fuzzy sets）用隶属函数确定的隶属度描述不精确的属性数据。应用模糊集的难点在于合适隶属度函数的设定，现实应用中，隶属度函数的构造常具有主观性。④决策树算法，它是多层分类器的一种方法。典型的决策树的构造方法有分类回归树（classification and regression tree，CART）、ID3、C4.5 和 C5.0 等。构造决策树的关键问题是树结构的确定。在实际的遥感分类中，很多类别的光谱特征交叠分布，多数算法难以找到较佳的属性分割点和树增长的停止条件，过多的冗余属性会造成决策树过于庞大，分类精度降低（Margaret，2003）。⑤基于规则算法，规则算法是获取规则指导分类的算法，可采用自顶向下和自底向上两种方式。自顶向下依赖于相关领域的专家所提出的知识，专家知识在特定条件下是有效的，但依赖于人的知识具有主观性，且在某些复杂未知情形下无法获取专家知识。自底向上的方法是学习算法通过训练数据获取知识，典型的获取规则的算法可以将决策树转换为规则，也可使用规则生成算法，如 RIPPER（repeated ineremental pruning to production error reduction）算法。规则算法的难点是如何找到一个最小的属性集合和最优化的规则集合来实现分类。

以上空间数据挖掘中的遥感分类与信息提取方法，极大地推动了遥感数据自动识别与分类水平，然而随着对地观测技术的迅速发展，特别是高空间、高光谱、高时间分辨率对地观测数据的获取，为精确探测湿地这一具有高度光谱与辐射特征异质性的复杂水陆交汇生态系统带来了希望，但高维遥感数据的遴选与兼容及遥感数据的不确定性和不一致性处理，又给现有遥感数据挖掘分类方法提出了新的挑战（Lei et al.，2007）。由 Pawlak（1982，1991）提出的粗集理论在处理不确定和不一致数据方面对传统的集合理论进行了扩展，能在保留关键信息的前提下对高维数据进行有效约简，可启发式地获得用于分类的最优化规则集合。将粗集理论应用于遥感数据分类，已成为近年来国际遥感领域研究的热点（Pal and Mitra，2002）。本书将在深入挖掘粗集理论在遥感数据分类提取中优势与潜力的基础上，以湿地这一复杂自然生态系统为例，构建基于粗集理论的多源遥感信息提取知识发现理论方法与技术体系。

2.2.2 湿地景观格局动态变化研究进展

景观空间格局是景观生态学研究的核心内容之一。自 20 世纪 70 年代以来，景观生态学关于格局、过程与尺度的理论和方法逐渐引入湿地研究中，湿地景观格局及其动态变化开始成为湿地生态学研究的热点，研究方法也由传统的定性描述法、景观生态图叠置分析法发展到基于"3S"等技术的定量表征。目前，国内外学者主要是采用景观动态的定量化研究方法来研究湿地景观格局变化，即通过收集和处理景观数据（遥感影像解译，地形、植被、土壤类型等图件数字化），建立类型图和数值图图库进行空间分析（景观面积动态变化、景观类型转化和动态模型模拟，景观格局指数计算），比较不同景观之间的结构特征，揭示景观空间配置以及动态变化趋势，并进一步寻找引起动态变化的驱动因子。上述方法需要通过"3S"技术和地统计学原理来实现。遥感技术为获取湿地资源环境状况提供了有效的空间信息源；地理信息系统具有强大的空间信息处理和分析功能，能够快速、精确和综合地对复杂的湿地系统进行空间定位和过程动态分析；地统计学的引入则为定量分析湿地景观的空间异质性提供了强有力的工具，这都极大地推进了该领域的发展，促进了景观生态学和地理学、环境科学、信息科学等学科的交叉融合。随着湿地景观研究内容的深入，许多学者为湿地景观格局与结构定量指标的建立和完善，建立了许多有应用价值的数学分析模型，并在此基础上以数量分析方法研究湿地景观格局的空间特征与变化过程。数学方法与计算机技术相结合，深化了机理研究，逐步形成了湿地景观格局研究的基本范式。

20世纪80年代以来，随着人类对湿地景观价值的认识不断提高，国际上开始热衷于湿地景观面积变化研究。据估计，自1900年以来，地球上的湿地面积已消失了将近一半。一些研究已表明，澳大利亚、新西兰和美国加利福尼亚的湿地面积已经消失了近50%，热带、亚热带的红树林湿地受破坏面积也已达50%左右。20世纪80年代以来，密西西比河三角洲湿地的丧失速率约为100km²/a。美国墨西哥湾北部已经丧失了大面积的滨海湿地，丧失的面积约占全美湿地总损失面积的80%。

国内学者一直关注由于对湿地开发利用所导致的湿地景观面积的动态变化。国内对湿地景观格局变化的研究始于20世纪90年代，主要采用景观格局空间分布特征指数（景观多样性指数、优势度指数、均匀度指数及斑块分维数）和景观异质性指数（聚集度以及破碎化指数，如景观破碎化指数、廊道密度指数、斑块密度指数、景观斑块破碎化指数、景观斑块形状破碎化指数）等10余种指标来研究湿地景观格局的变化。陈康娟等选用景观格局空间分布特征指数以及空间构型指数（景观破碎化指数和聚集度）分析了人类活动影响下的四湖地区湿地的景观格局，指出人类干扰程度的增加导致湿地景观多样性下降，优势度和景观破碎化程度增强。王宪礼等选用斑块密度指数、廊道密度指数、景观破碎化指数等指标定量分析了辽河三角洲的湿地景观格局，结果表明景观破碎化与人类活动密切相关，而且廊道的发展是景观破碎化的前提与动因。已有研究结果表明，长江中下游湿地在 20 世纪 70～90 年代因围垦而丧失湖泊湿地约 12 000km²，丧失率达 34.16%。拉萨湿地面积由 1965 年的 864 hm² 缩减到 1999 年的 548.7 hm²，减少了约 36.5%。若尔盖高原沼泽在新中国成立前的湿地率约为 6.49%。而 2004 年为 1.85%，在近 50 年中减少了约 70%（白年红等，2004）。三江平原沼泽湿地在 1980～1996 年期间，沼泽湿地面积减少了 51.33%，且斑块间隙不断扩大，湿地破碎化显著，湿地分布质心向西北和西南方向偏移。2003 年，我国第一次利用"3S"技术对全国湿地进行调查，对我国湿地景观类型、面积及空间分布等方面有了基本的认识。

　　景观格局空间分布属于静态分布，需要用表征静态分布特征值的指数模型进行分析。景观指数是能够高度浓缩景观空间格局信息，反映景观结构组成、空间配置特征的定量指标，可划分为斑块水平指数、斑块类型水平指数和景观水平指数。3 个水平景观格局指数通常采用 Fragstats、Apack 和 Patch Analyst 三种常用软件计算获得。目前，反映景观格局变化的特征指数已有 200 个左右。但这些指数中有些具有相同的生态学意义，有些不具有明确的生态学意义，甚至有些指数之间相互矛盾，因此根据研究内容的需要应对指数进行筛选。对于湿地景观而言，通常根据湿地的特性选用一些最能反映湿地景观格局变化特征的指数，如景观多样性指数、破碎度、优势度、分维数等指标来分析湿地景观格局；根据景观格局指数在不同时段内的动态变化来反映景观格局空间结构特征的变化。例如，通过密度指数和平均接近指数，可反映斑块的破碎程度，同时也可反映景观空间异质性程度；通过多样性指数对比，可在不同尺度上反映各湿地景观类型所占比例的差异，进而分析湿地景观的多样性及其增减程度；根据景观破碎度指数可判断景观尺度上湿地的破碎程度；根据优势度指数和形状指数则可分别判断占优势的景观类型以及湿地景观的空间构型。

　　景观格局动态变化分析的主要内容是结合各种景观动态模型的计算结果，反

2
保护区湿地遥感监测的内容与焦点

映景观要素的增减趋势、景观多样性的增减比例、各景观类型所占比例差异的变化以及景观在空间上的转移、扩张与收缩程度等，由此揭示湿地景观格局的变化过程与演变规律。景观动态模型包括随机景观模型、基于过程的景观模型和基于规则的景观动态模型。其中，随机景观模型是目前景观动态变化研究的主要方法，而基于规则的景观动态模型是近年来刚刚发展起来的方法，试图与人工智能技术相结合。国内学者主要采用景观动态度模型、相对变化率模型和空间质心模型等分析各景观类型的动态变化特征与过程，景观动态度模型和相对变化率模型分别反映了湿地景观面积的变化程度和区域差异；空间质心模型则反映了湿地斑块类型的空间转移规律，可结合景观类型图的叠加分析，通过景观格局变化图和景观要素转移矩阵进行分析，并采用马尔可夫模型和元胞自动机模型等景观动态模型来模拟和预测湿地景观格局的变化过程。

Merot 等（2003）验证了气候-地形指数模型在预测欧洲湿地景观沿气候梯度分布状况的可行性和稳定性。结果表明，该指数在不进行区域校正的条件下能够预测下渗能力较弱的湿地结构和增长程度，但对湿地的实际位置预测结果较差，且该指数目前还受数字地面模型（DTM）精度的限制。汪爱华等（2002）选用湿地斑块形状指数模型、斑块连接指数模型和斑块分布质心变化模型研究了三江平原湿地景观格局的动态变化特征，结果表明，该区沼泽湿地斑块数量和密度增加，斑块间隙越来越大，破碎化较为严重，且分布质心发生了偏移。王学雷和吴宜进（2002）利用 1990 和 1996 年 2 个时期的卫星影像对四湖地区湿地景观格局的动态变化进行了动态模拟和趋势预测，指出只有通过控制围垦和实施退田还湖措施才能实现湖泊面积增加的预测结果。胡茂桂等（2007）利用多期 Landsat TM 影像，采用元胞自动机对三江平原未来的土地覆被变化进行了预测，结果表明，如果不采取必要的措施，研究区内的湿地将在未来 50 年内消失殆尽。

对于湿地景观动态变化驱动机制研究，较为一致的观点是：自然驱动力和人为驱动力是湿地景观格局动态变化的主要驱动因素。自然驱动因子常常是在较大的时空尺度上作用于景观，它可引起大面积的景观发生变化。地壳构造运动、风和流水作用以及重力和冰川作用可形成景观中不同的地貌类型；气候的影响可改变景观的外观特征、植物群落的演替模式和土壤的发育过程；而火烧、洪水和飓风等自然干扰作用可引起景观的大面积改变。而且，湿地景观变化还受制于动态的水文过程、生物过程和气候过程。湿地水文条件的变化是导致湿地生态系统逆向演替和退化的主要原因。而区域气候变化可直接导致湿地水文变化，湿地植被随之发生演替，进而导致湿地景观格局的演变，因此气候变化也是湿地景观格局变化的重要驱动力之一。人口、技术、政治经济体制与政策以及不同的文化等人为因素的影响可导致湿地景观格局的变化。人口增长和科学进步导致人类对湿地的开垦力度不断加大使湿地面积大大缩减；国家的政治经济体制和政策等都是导致湿地景观变化的重要影响因子；而思想、意识、法律等文化因素也是人类改变湿地景观格局的重要驱动力。湿地景观面积减少的规模和速度受土地开发利用程度的影响。新中国成立以来，三江平原经历了 4 次垦荒高潮，到 1986 年沼泽面积仅剩 124 万 hm^2，占该区面积的 11.4%；到 2000 年湿地面积缩小了 36%。修建堤坝和水库，以及挖渠排水改变了湿地水文周期，使湿地水位发生显著变化，从而导致湿地植被发生演替；而渠道和道路的修建则会导致湿地景观破碎化水平加重，使零散分布的自然湿地不断退化。

2.2.3 水禽栖息地质量监测研究进展

对水禽栖息地信息提取研究，传统的野外调查制图方法不仅费时、费力、成本高，且限于局部样本点空间范围，难以推广至区域尺度。由于遥感影像具有覆盖范围广、信息量大、更新时间快的特点，被广泛用于区域尺度的鸟类栖息地制图。鸟类栖息地制图及评价中用到的遥感数据源主要包括：Landsat MSS（Landsat multispectral mcanner）、Landsat TM、ETM + （thematic mapper）、SPOT HRV（high resolution visible）、IRS-lC（Debinski et al.，2002）和 AVHRR（the advanced very high resolution radiometer）、ERS SAR 及高分辨率的 IKONOS、Quickbird、Orbview（Clark et al.，2004）等数据。栖息地信息提取还经常采用一些辅助数据，包括航空相片、地形图、土壤、氮沉积量、水深、气候、植被高度、盖度、植被类型、道路、建筑物等（Mary et al.，2006）。Landsat TM 具有多光谱特征以及较高的性价比，但是它无法有效地提取出较窄的线性特征，对于某些鸟类的栖息地制图不能满足要求。高分辨率的遥感影像具有详细的栖息地制图能力，但成本较高。NOAA/AVHRR 数据常用于研究大尺度的鸟类栖息地的空间分布。SAR 常用于穿透植被冠层或冰层，探测微生境特征。低分辨率的栖息地信息提取经常采用一些辅助数据以提高精度。由此可见，选择最佳的遥感数据源是研究物种分布与栖息地关系及进行栖息地制图的关键。为提高栖息地信息提取的能力：一方面应对比不同传感器生境因子的提取能力，选取最优的传感器及波段组合；另一方面应采用有效的方法融合多源遥感数据及辅助数据提高栖息地识别的精度。

利用遥感影像提取鸟类栖息地空间分布的方法包括两大类：物种分布直接识别和物种分布间接反演。直接识别是根据物种在遥感影像上的光谱特征，在遥感影像上直接勾绘该物种的空间分布区域（Schwaller et al.，1989），或是将遥感像元光谱辐射值与物种分布调查信息建立相关模型，据此预测物种的空间分布。这种方法已经被尝试着在生态系统中用于预测物种的分布（Aspinall et al.，1993）。遥感直接识别的方法局限于大面积群居且具有明显光谱特征物种。间接反演是利用已知的物种生境需求信息，制作物种的生境图，进而预测物种可能的分布区。这种方法已广泛应用于空间尺度物种分布及生境管理研究中。

很多研究结果证实，鸟类的繁殖栖息地选择，尤其是巢址选择主要取决于小尺度上的植被结构（MacArthur et al.，1961），而非仅考虑植被类型，如巢址周围植被的盖度、高度和视野开阔度等。巢址栖息地较高的空间异质性和浓密的植被能增加巢卵的隐蔽性和潜在营巢点，从而降低巢卵捕食率（Bowman et al.，1980）。高度的巢址栖息地异质性还能够防止一般的捕食者形成搜寻映象因此而进一步降低巢卵捕食。鸟类繁殖栖息地的功能就是为鸟类提供一个安全隐蔽的繁殖环境。国内鸟类学家在20世纪80年代末也开始重视水禽生境选择方面的研究。有研究表明，高度较大的苇丛、与明水面的距离、巢下水深、植被类型、与火烧地的距离、植被密度及与人为干扰地的距离对丹顶鹤的巢址选择有一定的影响（邹红菲等，2003）。野生动物栖息地选择模式的研究除了能够对鸟类栖息地选择行为进行定量分析，解释某种物种出现或不出现在某一区域的原因外，还可以依据对栖息地生态因子的分析结果，预测该物种的空间分布及丰度，这是该一领域前沿研究的发展趋势。本书探索融合遥感影像像元的光谱与纹理特征及地学辅助特征，通过间接反演典型水禽的关键生境因子及其组合特征的方法，预测丹顶鹤繁殖栖息地的空间分布位置，并基于生境因子评价研究区内丹顶鹤栖息地的质量。

李枫等（1999）、邹红菲等（2006，2009）的研究指出明水面及巢下水深是鹤类巢址选择的重要因子，巢址30m以内没有明水面存在的，其巢下水深度较大（超过15cm，但不超过50cm），即在没有明水面存在的地带，巢下水深是影响丹顶鹤巢址选择严格的限制因子；而在有明水面存在的地带，巢下水深不再是其巢址选择的关键影响因素。因此，有必要探测芦苇湿地植被冠层下的淹水状况，以及明水面的位置，以确定丹顶鹤潜在巢址的空间分布。湿地的时空异质性限制了传统的测量水文状况的工具的使用。目前多采用遥感监测技术（可见光、近红外及微波遥感）监测湿地的积水状况。由于水在可见光和近红外波段具有较低的反射率，可以通过光学遥感影像监测出明水面的分布，但却难以监测到植被冠层下的积水。而SAR对植被冠层下的水较敏感，对于长有草本植物的湿地生态系统，由于植被下积水的存在使微波前向散射增强，从而导致后向散射的降低，探测的效果取决于微波对植被冠层的穿透能力（Hudak et al.，2008）。受植被冠层的厚度和选用的微波频率的影响，X波段（3cm）和C波段（5.6cm）可用于探测高草沼泽下的积水，如莎草、禾草、灌木；而长波波段L波段及P波段常用于监测林下水分。利用洪泛区的雷达遥感影像可更有效地监测植被淹水区的时空分布。已有研究运用日本地球资源卫星（JERS-1）L波段HH极化影像与航空飞机成像雷达（SIR-C）结合，监测亚马逊河森林湿地的淹水状况（Hess，1999）。综合应用JERS-1的L波段和RADARSAT的C波段研究水栖植被群落的种群构成和生物量效果较好；而且，近期多季相的SAR也可用于监测湿地植被类型及洪泛动态。Laura等（2003）基于两个季相的JERS-1SAR进行湿地植被制图并探测淹水区的分布。Martinez和Toan（2006）采用SAR时间序列影像对亚马逊河流域植被的空间分布及泛洪的动态进行监测。

除植被类型、与明水面距离和巢下水深外，鹤类巢址选择的生境因子还包括栖息地的微生境特征。以往以遥感解译的斑块为栖息地的空间单元掩盖了斑块内部微生境差异；遥感分类难以准确确定生态交错带的地类边界，而生态交错带常为生物多样性的富集区。影像的纹理特征和景观指数是反映栖息地异质性（生境结构的空间组合特征）的重要指标。遥感影像是由色调和纹理两种相互依赖的特征构成（Harralick et al.，1973），影像的纹理包含着探测对象重要的结构及空间组合特征。纹理统计分析方法主要可分为一阶统计纹理特征和二阶统计纹理特征

（Harralick et al.，1973）。一阶统计纹理特征是从一定邻域内（滑动窗口）像元亮度直方图上获得；而二阶纹理统计特征，如反差（contrast）、熵（entropy）、逆差矩（inverse difference moment）、灰度相关（correlation）、能量（energy）、角二阶矩（angular second moment）以及协方差（covariance）是由灰度共生矩阵方法计算出来，代表某个方向上相隔一定距离的一对像元灰度出现的统计规律。二阶纹理统计特征中角二阶矩、反差和灰度相关这三个特征相关性最弱，因此它们常用于特征识别。另外，也有一些其他方法用于计算影像的纹理特征，如自相关模型、分形模型及数学变换模型（空间域滤波、傅里叶滤波、Gabor 和小波模型等）。尽管已有大量的研究将纹理分析用于影像的分类和图像的分割，但将纹理特征作为栖息地的空间异质性的指标预测物种分布的研究还较少（Hepinstall et al.，1997）。除影像纹理指标外，还有其他一些反映栖息地景观异质性的景观指数，如生境破碎化指数（habitat fragmentation）、景观空间构形（spatial configuration）、镶嵌度指数（patchiness）、斑块面积（patch area）和斑块周长（patch perimeter）等也应用于预测物种的分布及其繁殖的成功率。国内对生境的空间格局与水禽分布关系的研究较少，主要是从景观指数的角度评价栖息地的适宜性（刘吉平等，2005），基于影像纹理特征预测水禽巢址分布的研究还未开展。

综合多源遥感影像及辅助数据提取微观尺度上的生境因子及宏观尺度上的生境结构及空间组合特征之后，应建立栖息地的适宜性评价模型，对生境的适宜性做出评价。栖息地适宜性模型的预测方法主要可分为统计分析方法和机器学习方法两类。经典的统计模型包括：线性回归模型、广义线性模型（generalized linear models）、广义加法模型（generalized additive models）、广义的回归分析及空间预测模型以及环境包络模型（environmental envelop models）。环境包络模型是根据生态地学变量将多维空间变量划分为同质类别的方法，其中最常用的有 BIOCLIM 模型、HABITAT 模型、DOMAIN 模型、ENFA 模型、贝叶斯推理模型和证据权重模型等。机器学习方法是一种非参数化的分类技术，与统计分析方法相比具有如下优势：变量指标的自处理能力、能够处理预测指标的非线性关系、具有去噪的功能。限制性在于：影响学习系统最重要的因素是环境向系统提供的信息，因为学习系统获得的信息往往是不完全的，所以学习系统所进行的推理并不完全是可靠的，而且学习部分的任务比较繁重，设计起来也较为困难。决策树方法（包括分类回归树法和随机森林）、人工神经网络和遗传算法是应用到建立栖息地的适宜性模型及物种的空间分布预测中的典型机器学习方法。

本书结合地面的巢址调查及生境因子的实地观测，确定扎龙保护区丹顶鹤巢址选择的影响因素及评价指标。综合运用精确的空间信息技术平台（包括多源遥感影像、地理信息系统、GPS 等），定量提取研究区丹顶鹤栖息地的生境因子及其空间结构特征（如植被类型、盖度、巢下水深、与人为干扰的距离巢址周围的纹理特征等），从而预测丹顶鹤繁殖栖息地的空间分布位置，并基于以上的特征参量建立适宜性评价模型评价研究区丹顶鹤栖息地的质量；进而为保护区管理，尤其是为珍禽栖息地的管理和建设提供理论依据，对于区域生物多样性保护具有十分重要的科学意义和实用价值。

3 基于决策树模型的湿地景观多源遥感监测

3.1 三江平原保护区的基本特征

3.1.1 三江平原的自然概况

3.1.1.1 三江平原的地理位置

三江平原保护区位于黑龙江省三江平原东北部，地处三江平原腹地，隔黑龙江、乌苏里江与俄罗斯相望，与富锦、同江、抚远、饶河等市（县）相邻，素有"小三江"之称。地理坐标为 47°19′47″ ~ 48°27′56″N，132°59′59″ ~ 135°05′26″E，总面积为 108 万 hm²。研究区内包含两个国际重要湿地：三江自然保护区和洪河自然保护区。洪河自然保护区是一个封闭的自然保护区，面积相对较小（24 795 hm²），生境复杂，类型多样，区内无居民地，水资源不足。三江自然保护区面积较大（185 231 hm²），生境单调，类型单一，区内有零星分布的居民地及块状耕地，该区是黑龙江、乌苏里江汇合的三角地带，水资源丰富。研究区为基于遥感手段监测湿地景观的动态变化过程，分析区域范围内的直接和间接人为干扰对保护区湿地退化的影响研究提供了较好的平台。

3.1.1.2 地质地貌

三江平原在地质构造上属中生代同江内陆断陷的次级单位——抚远凹陷内，第四纪以来，一直在间歇性沉降。特别是全新纪以来，下沉幅度更大，形成我国的低冲积平原。研究区大体可分为四个地貌单元，即丘陵漫岗、低漫岗平原、冲积低平原和江河泛滥湿地，且微地貌类型极其发育，包括自然堤、迂回扇、微高地等。地势由西南向东北倾斜坡降在 1/5000 ~ 1/12 000。

3.1.1.3 气候

三江平原位于黑龙江省东北边陲，纬度较高，属于温带湿润大陆性季风气候，其特点是冬长严寒，夏短炎热；离鄂霍次克海域较近，受海洋气候影响，冬季在极地大陆性气团控制之下，夏季受副热带海洋气团的影响。因此，三江平原温度年较差比同纬度内陆地区小，具有海洋气候的特点；四季变化显著，冰冻期长，降水集中；年平均气温为 2.2℃，最冷月为 1 月，平均为 –21.7℃（图 3-1），无霜期为 115 ~ 130d，历年平均日照总量为 2304.3h；多年平均降水量为 603.8mm，降雨量年内分配不均，主要集中在 7 月和 8 月（图 3-2）；全年平均蒸发量为 1257.1mm，是历年平均降雨量的 2 倍多，主要集中在 5 月和 6 月（图 3-3）；冰冻期为 210d 左右，积雪期为 120d 左右，土壤最大冻深 212cm（1969 年）。低洼地沼泽区因受水分影响，冻土层在 100cm 左右，但冰冻迟，解冻晚。一般在 5 ~ 6 月才能解冻，岛状林湿地解冻早，而沼泽湿地解冻较晚，如漂筏苔草在 8 月中间

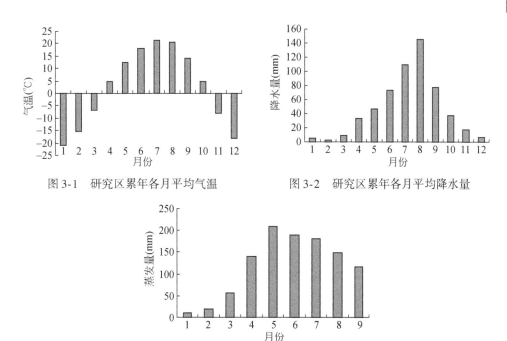

图 3-1　研究区累年各月平均气温　　图 3-2　研究区累年各月平均降水量

图 3-3　研究区累年各月平均蒸发量

仍有 5～10cm 的冻层。保护区处于西风带，风向的季节性变化显著。年平均风速 3.6m/s，全年 6 级风以上的日数达 40～50d，多出现于春秋两季，最大风力可达 10 级。

3.1.1.4　水文

三江平原内的河流均属黑龙江水系，以黑龙江、乌苏里江为界江，北及东南与俄罗斯隔江相望，境内河流交错纵横，主要有浓江河、鸭绿河、青龙河、挠力河、外七星河、别拉洪河等，总流域面积 113 万 hm²，图 3-4 为 2001 年别拉洪河的流量过程线。该区河流多为双峰型，且多属于平原性河流，上游无明显河床，仅是一条宽浅的线性洼地，中游河道弯曲，并有沼泽阻滞，流速缓慢，下游有明显河槽，河流坡降稍大。下游河流的特点是：河流纵比降低多在 1/10000 左右，河槽弯曲系数大，枯水期河槽狭窄，河漫滩宽广，河流承泄量小，排水不畅，容易泛滥，汛期由于洪水顶托，抬高了河流的承泄水位，使两岸排水更为困难，促进沼泽化形成。研究区内主要河流的流域特征见表 3-1。

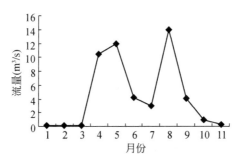

图 3-4　别拉洪河流量过程线

表 3-1　研究区内主要河流流域特征

河流名称	流域面积（km²）	长度（km）	宽度（km）	河堤（m）	主槽宽度（m）	弯曲系数	河道坡降
别拉洪河	4340	170	22.5	37～56	20～100	1.2～2.8	1/7500～1/12000
浓江	2630	116	22.7	41～55	17～100	1.3～2.1	1/3000～1/10000
鸭绿河	1336	100	15	48～60	50	1.4～2.5	1/8000～1/12000

研究区地质属中生代内陆断陷的次级单元——抚远凹陷的中部,上部覆盖3~17m重亚黏土,下层为沙砾层,小于0.005mm的黏粒占20%~58%,干容重1.61~1.66g/cm³,透水系数为5.5×10~3.3×10cm/s,基本不透水。地下水含量丰富,由于底土黏重透水不良,故地下水与地表水无水力联系形成承压水。别拉洪河中下游属弱承压水区,承压水头为2~9m,承压水位距地表2~10m。地下水山区岗坡地埋藏较深,多为裂隙水,分布不均。离地面30~40m可见到水,水层厚度为10~40m。平原地下水储藏量极为丰富,离地表深度为5~15m,含水厚度为150~200m。含水层岩性为细砂、中粗砂、砂砾石等透水性好,地下水的物理性质较好,无色、无臭、透明。水化学类型属重磷酸钙钠型水,水中多缺碘,为低矿化淡水;但有些地方水中铁离子含量较高,矿化度一般在0.15~0.3g/L,水温为4~5℃,水质良好,适于人、畜饮用和农田灌溉。

3.1.1.5　土壤

研究区属古老的三江冲积平原,自然条件复杂,土壤类型较多,全区土壤有棕壤、白浆土、草甸土、沼泽土、黑土、泛滥地土壤6个土类,又可细分为20个亚类。现将各类土壤的分布面积及生产性能简述如下。

(1) 棕壤:棕壤主要分布在山地丘陵地区,面积为6.75万hm²,占全区总面积的5.5%。棕壤坡度大、质地轻、物理性状好,易于耕作,耐涝怕旱,黑土层薄,水土流失严重。开荒初期土质肥沃,后几年肥力明显下降。

(2) 白浆土:白浆土主要分布在平原地区,面积为75.5万hm²,占全区总面积的61.2%。黑土层薄,黏重、板结、通风透水性差,怕涝怕旱,偏酸,有效磷奇缺,开垦5~6年后,如不改善施肥,肥力迅速下降。

(3) 草甸土:草甸土分布在平地、低平地及江河沿岸,面积为7.22万hm²,占全区总面积的5.9%。草甸土黑土层深厚,全量养分含量高,增产潜力较大,但土质黏重冷浆,通透性差,养分不易释放。

(4) 沼泽土:沼泽土包括草甸沼泽土、漂筏沼泽土、腐泥沼泽土及泥炭沼泽土,主要分布在河流低湿地及荒原中,面积为27.48万hm²,占全区总面积的22.3%。沼泽土地表有草根层或泥炭层,下面是黑土层或腐泥层;地表常年积水或季节性积水;有机质含量高,养分丰富。

（5）黑土：黑土主要分布在山坡地及平原的高地上，面积为 0.23 万 hm²，占全区总面积的0.29%。黑土土层深厚，物理性状好，耕性较好，保肥能力强。

（6）泛滥地土壤：泛滥地土壤分布在江河沿岸的泛滥地上。面积为 6.13 万 hm²，占全区总面积的5%。这类土壤比较肥沃；但地形破碎，又经常受洪水淹没，目前主要用于放牧和割草场。

研究区主要的植物群落为蒙古栎、杨、桦、沼柳、越菊柳、小叶章等，景观类型为岛状林湿地、灌丛湿地和草甸湿地。沼泽土和泥炭土主要分布在地势低洼排水的环境中，如河流、低河漫滩、高河漫滩及低阶地的环型洼地上，主要以湿生、水生的植物类型为主，如乌拉苔草、灰脉苔草、毛果苔草、漂筏苔草、藻类和藓类等。因此，不同的土壤类型与植被的分布有着极其密切的关系，是湿地生态系统形成的基本条件。

3.1.1.6 野生动植物资源

研究区植物区系组成属于长白植物区系。地带性植被为红松针阔混交林，但由于气候、地理等因素的影响，加之地势低平、排水不畅，地表下层土壤渗透能力差，因此地表常有不同程度的积水，形成大面积隐域性的沼泽和沼泽化植被。该区生态系统主要包括森林、灌丛、草甸、沼泽和水生生态系统。

研究区森林生态系统为次生林，常呈岛状分布，故也称"岛状林"，其主要组成为山杨、白桦、蒙古栎等落叶阔叶乔木。林下灌木与草本植物大多为红松针阔混交林下种类。此外，新近纪孑遗植物，如黄檗、水曲柳、胡桃楸、猕猴桃、五味子、山葡萄等也生长良好。该区灌丛生态系统主要分布于河岸两旁、水湿地、沼泽边缘、林缘、林下等处，按分布位置优势种、群落结构可分为毛赤杨灌丛、柳丛、胡枝子灌丛、榛子灌丛 4 个类型。该区草甸生态系统是非地带性植被，主要分布在低海拔地带，一般见于沿江河两岸或平坦低湿地段，特别在宽河谷的一级阶地及泛滥地上，呈带状或片状，与沼泽或森林成复区分布。该区沼泽生态系统广泛分布在各类低洼地和低河漫滩上。按建群植物和优势层片的异同可分为毛果苔草沼泽，甜茅、苔草沼泽，漂筏苔草沼泽，芦苇、小叶章沼泽和具有塔头的苔草沼泽。

该区内野生动植物资源丰富，兽类 12 科 37 种；鸟类 46 科 215 种；爬行类 3

科 5 种；两栖类 4 科 8 种；鱼类 17 科 77 种；昆虫 41 科 126 种。这些种类组成概括为三个特点：一是珍稀种类多，属国家 I 级保护的鸟兽达 9 种（如金雕、丹顶鹤、东方白鹳等），属国家 II 级保护的鸟兽达 33 种（如马鹿、游隼等），有 92 种鸟类被列入《中华人民共和国政府和日本国政府保护候鸟及其栖息生境协定》中，20 种被列入《中华人民共和国政府和澳大利亚政府保护候鸟及其栖息生境协定》之中。二是特色种类多。鸟类中的松鸡科，兽类中的雪兔、驼鹿等都是典型的北方种类，鱼类中的哲罗鱼、大马哈鱼、鳇等独具特色。三是经济种类多，数量大。兽类中的狍、赤狐，鸟类中的雁鸭类，鱼类中的青鱼、鲤等都具有相当的产业价值。

3.1.2 三江平原社会经济基本情况

3.1.2.1 人口经济

三江平原位于黑龙江省境内的东北部，主要包括抚远县、同江市和建三江农场管理局的部分地区，共有 15 个大中型国有农场，即大兴农场、七星农场、创业农场、青龙山农场、前进农场、红卫农场、洪河农场、胜利农场、前锋农场、八五九农场、二道河农场、前哨农场、勤得利农场、鸭绿河农场、浓江农场。农业、林业、牧业、副业和渔业生产队 327 个，总面积为 108 万 hm²，人口为 15.5 万（表3-2）。农业发展迅速，主要农作物有大豆、小麦、玉米、水稻、马铃薯等。水产资源丰富，是黑龙江省重要的渔业基地，同时又是重要的边境贸易口岸。

表 3-2　研究区 2006 年各农场社会经济统计表

地区	人口（人）	土地面积（hm²）	耕地面积（hm²）	国内生产总值（万元）	人均纯收入（元）
八五九农场	18 444	135 581	42 666	50 237	3 304.76
胜利农场	14 177	90 500	35 333	42 513	3 496.226
七星农场	32 576	120 822	51 667	94 116	3 656.004
勤得利农场	17 076	124 673	28 000	32 789	2 114.137
大兴农场	12 566	80 000	42 000	44 317	2 182.397
青龙山农场	11 398	60 133	22 666	30 333	2 406.299

地区	人口 （人）	土地面积 （hm²）	耕地面积 （hm²）	国内生产总值 （万元）	人均纯收入 （元）
前进农场	13 050	76 584	44 666	51 072	3 246.13
创业农场	10 381	52 987	32 000	49 948	3 459.204
红卫农场	12 999	64 831	32 667	43 904	4 104.777
前哨农场	11 973	69 225	35 333	17 344	5 563.1
前锋农场	11 086	110 350	50 667	31 745	1 915.569
洪河农场	4 266	65 680	31 334	29 576	9 195.734
鸭绿河农场	5 186	51 275	24 000	25 945	5 174.508
二道河农场	4 378	55 766	27 333	22 898	4 266.56
浓江农场	5 596	54 000	32 667	26 764	5 627.234

研究区农业经济中种植业占很大比例，2000 年粮食作物占总播种面积的 97%。种植业占农业总产值的比例很大，其他各产业的比例很低。三江平原农业种植结构发生了较大的变化，20 世纪 90 年代以前，农作物以大豆、小麦为主，玉米次之，水稻较少。20 世纪 90 年代以后，随着"以稻治涝"和中低产田改造以及市场需求，作物种植结构发生了较大变化，逐步以大豆、玉米和水稻为主，尤其是水田发展迅速，到 2000 年水田面积已占播种面积的 29%。

3.1.2.2 三江平原土地利用及开垦活动的历史

三江平原土地开发始于清康熙后期（1714 年）。由于自康熙七年（1688 年）至光绪年间，清朝对东北近 200 年的"封禁"，关内垦民难以出关，所以三江平原土地垦殖规模较小，至清乾隆末年（1795 年）仅有耕地 20km²。自光绪年后，同江市（1890 年）、富锦县（1893 年），先后开始出放荒地，移民垦殖，但垦殖率不足 2%。而抚远县（1913 年）和宝清县（1916 年）垦殖时间则较晚，到 1930 年，垦殖率仅有 7%。1931～1945 年日本入侵时期，主要对该区森林资源进行掠夺，耕地无大增减。1945 年日本投降以后，各市（县）相继解放，开始实施土地改革，该区耕地面积开始增长。

新中国成立以后，为了缓解人地矛盾，以及满足国家对粮豆的需求，三江平原出现了多次开荒高潮。大规模的开荒主要有四次；1956～1966 年的十万转业官兵开发"北大荒"时期；1966～1976 年的城市知识青年上山下乡建设"北大荒"时期；1976～1983 年经济建设时期；1983 年以后的农业综合开发时期。此后，各农场以旱田改水田，改造中低产田为主，开荒面积明显减少。四次大规模的土地开发利用是从以开垦湿地为主，伴随着森林砍伐和水利工程建设进行的。

3.1.2.3 研究区存在的生态环境问题

1）旱涝自然灾害

旱涝周期及频率：研究区春、夏、秋三季雨量变化存在两年中周期特别明显，即隔年升降的趋势。但近 10 年气候明显变暖，1990～1994 年（5 年周期）为正常多雨期，1995～2000 年为少雨期，2001～2004 年为正常年，旱灾频率为21.7%，涝灾频率为 36.6%，正常年频率为 41.7%。

2）土地大量开垦

研究区内土地的开发是在 20 世纪 50 年代末期开始，开发前这里是一片亘古荒原，是中国最大的内陆淡水湿地集中分布区。研究区大规模开发是在 20 世纪70 年代末至 90 年代末，这也是对生态环境产生最大影响的阶段。70～90 年代开垦的耕地面积扩大迅速，相当于 60 年代耕地面积的 8 倍。

3）水土流失

研究区开发晚，地势低平，水土流失现象只在勤得利、胜利、八五九几个有山地且坡度较大的地区发生。水土流失重点治理区位于东部和北部，包括八五九农场、勤得利农场、胜利农场，总流失面积为 90 754 hm²，重点治理面积为30 153 hm²。预防监督保护区位于中部和东部，包括洪河农场、前锋农场、前哨农场、二道河农场、红卫农场 5 个农场，总流失面积为 32 185 hm²，风蚀沙化面积为 2343.3 hm²。

4）土壤质量下降与草地退化

研究区是黑龙江省垦区水稻主产区。2004 年，全年农作物秸秆产生量为

2 169 951t，用作饲料 152 736t，还田量 304 855 t，还田率较低。全区 85% 以上的耕地实施测土配方施肥，土壤有机质含量为 2.6 ~ 5.1，中低产田面积为 104 733hm²。调查数据显示，1986 年全区有天然草地 73 667 hm²，2004 年为 38 672 hm²减少近 50% 。草地退化的原因是由于干旱部分草地植被发生较大变化，湿地草原旱化严重。

5）生态功能区和界江界河国土安全

黑龙江、乌苏里江界江沿岸是国家重要生态功能安全区；研究区内的胜利农场、八五九农场、勤得利农场分布在黑龙江、乌苏里江沿岸，加快界江河护岸工程的建设，对保护乌苏里江省级自然保护区、勤得利鳇鱼自然保护区的生物多样性，防止国土流失，保护沿岸的国土资源，保持边界江岸区域的繁荣稳定，都具有十分重要的意义。

6）工业污染

研究区内工业基础较差，几个工业项目已先后停产，目前仅有八五九乳品厂和几个农场的粮油加工厂仍在生产，其产量都不大，大气污染主要来自冬季取暖锅炉燃煤。全区年燃煤 76 275 t，SO_2年排放总量为 637.6 t，烟尘排放量为 1389 t。废水主要是生活废水，年排放量为 720 万 t，废水中 CO_2年排放量为 15.6 t。

3.1.3 三江平原保护区湿地类型

1）三江平原湿地类型的划分的原则

三江平原湿地类型的划分的原则为：①根据景观生态学原理，以综合性为指导，以引起生态系统分异的主要因素为依据建立分类系统；②划分出的湿地类型应体现出湿地生态系统的空间分异与组合规律；③湿地分类中生态系统类型的归并以空间形态为指标；④划分的湿地类型应具有相同或相似的地貌、地质、气候条件、土壤条件和水文条件以及相同的植被类型；⑤根据湿地植被类型特点确定分类级别；⑥湿地分类时应突出表现人类活动对湿地类型分异的决定性作用。

2) 三江平原湿地分类系统的建立

　　三江平原自从新中国成立以来经历了四次大规模的土地开发。人类活动一直是该区的主要影响因素。为了充分反映人类活动，尤其是农业开发活动对湿地类型的影响，湿地分类以湿地形成和人类活动影响因子为主导，根据湿地的特征综合反映湿地的水源补给条件、水文状况、地貌部位、土壤类型以及植被等各自然要素的相互联系、相互影响、相互制约的关系，在抓住制约湿地类型形成发育的主导因素的基础上对其进行分类，以反映湿地的内在属性及其差异。

　　形成三江平原湿地类型差异的最主要因素是人类活动的影响，因此，将湿地类型第一级分类按人类活动影响划分为天然湿地和人工湿地两大类。天然湿地是指湿地生境中诸要素包括生物和非生物要素没有受到或受人类活动干扰很小，湿地中的能流和物流关系仍属于自然生态系统。人工湿地是指受到人类活动强烈干扰的湿地类型，被人为改变，由人类控制，人类向该系统中投入大量能量并从中取出产品。

　　第二级分类在景观水平上进行，按湿地的特征分为六类，自然湿地类型分为自然水域、沼泽、草甸和灌丛，人工湿地可划分为人工水域和农田。

　　第三级分类是根据湿地的地貌和水文特征进行，分类中植物群落是一个独立的成分，然而在实践中，植被通常为水文地貌作用提供重要的线索，一些动物对植被的依赖性较强。另外，不同水禽对不同水深适应性不同，因此第三级分类是一个综合分类系统，湿地类型按优势植物群落的特征和水深反映其差异性，针对天然的不同，第三级分类可分为常年河流、时令河流、常年湖泊、时令湖泊、苔草沼泽、芦苇沼泽、典型草甸、沼泽化草甸、灌丛、水库池塘、排水渠、水田十二类（表3-3）。

3) 三江平原天然湿地类型的特征

　　（1）河流：研究区内河流均属于沼泽性河流，与一般河流相比，沼泽性河流的水文特征具有其独特性。由于沼泽既能蓄水又能释水，蒸散发能力很强，与穿行于沼泽的河流之间有相互补给的关系，使沼泽性河流的水情变化有别于非沼泽性河流。一般来说，沼泽性河流的年径流和年径流系数较小，径流量年内分配比较均匀，径流年际变化大。

表 3-3　三江平原湿地分类系统

第一级分类	第二级分类	第三级分类
天然湿地	自然水域	常年河流
		时令河流
		常年湖泊
		时令湖泊
	沼泽	苔草沼泽
		芦苇沼泽
	草甸	典型草甸
		沼泽化草甸
	灌丛	灌丛
人工湿地	人工水域	水库池塘
		排水渠
	农田	水田

（2）湖泊：由于三江平原沼泽湿地分布广泛，积水深，所以常在沼泽中的低洼处形成大小不等的湖泊或泡沼，这里是众多水鸟良好的觅食地。

（3）苔草沼泽：沼泽草甸广泛分布于低洼沼泽地和河漫滩高地，这些草甸通常地表潮湿或积水，但是由于排水工程在保护区的周边地区的广泛使用，许多沼生草甸已经地表干涸，结果是植被和植物群落已改变了它们的组成。

苔草是这些沼泽草甸的优势种，它们主要是毛果苔草（*Carex lasiocarpa*）、乌拉苔草（*C. meyeriana*）、臌囊苔草（*C. schmidtii*）、漂筏苔草（*C. Pseudoculaica*）、灰脉苔草（*C. Appendiculosa*）、湿苔草（*C. Humida*）和沼苔草（*C. Limosa*）。共生的优势种有越橘柳（*Salix myrtilloides*）、沼柳（*Salix rosmarinifolia* var. *brachypoda*），有时还有小叶章（*Deyeuxia angustifolia*）。在沼生草甸伴生的沼生植物种比较丰富，主要有大穗苔草（*Carex rhynchophysa*）、直穗苔草（*C. Orthostachys*）、驴蹄草（*Caltha palustris*）、细叶毒芹（*Cicuta virosa* var. *angustifolia*）、沼萎陵菜（*Comarum palustre*）、水问荆（*Equisetum fluviatile*）、无枝水问荆（*Equisetum fluviatile* var. *linnaeanum*）、燕子花（*Iris laevigata*）、五脉山藜豆（*Lathyrus quin-*

quenervius)、地瓜苗(*Lycopus lucidus*)、球尾花(*Lysimachia thyrsiflora*)、千屈菜(*Lythrum salicaria*)、败酱(*Patrinia scabiosaefolia*)、红纹马先蒿(*P. Striata*)、芦苇(*Phragmites australis*)、披针毛茛(*Ranunculus amurensis*)、水蓼(*Polygonum hydropiper*)、戟叶蓼(*P. Thunbergii*)、小白花地榆(*Sanguisorba parviflora*)、大白花地榆(*Sanguisorba sitchensis*)、风毛菊(*Saussurea amurensis*)、细叶泽芹(*Sium suave*)、毛叶沼泽蕨(*Thelypteris palustri*)、地耳草(*Triadenum japonicum*)等。

（4）芦苇沼泽：芦苇沼泽主要分布在湖滨地带、河流中下游积水较多的低洼地区。主要包括芦苇群丛(*Phragmites australis*)、芦苇—小叶章群丛、小叶章—芦苇—毛果苔草群丛、狭叶甜茅(*Glyceria spiculosa*)—毛果苔草群丛、狭叶甜茅—湿苔草(*Carex Humida*)群丛、狭叶甜茅—漂筏苔草—小叶章群丛等。芦苇沼泽一般表常年积水，水深在20cm以上，覆盖度大可达70%～80%，平均高度可达0.7～1.5m。

（5）典型草甸：在三江平原的阶地和河滩高地通常分布着典型草甸植被。由于土壤水分减少，这些湿地类型逐渐演变为典型草甸和中生植物草甸。一些地方演变为五花草甸，开着绚丽多彩的花。这些草甸的优势种有小叶章，伴生有其他中生和沼生的植物，如二歧银莲花(*Anemone dichotoma*)、裂叶蒿(*Artemisia tanacetifolia*)和其他蒿类植物、毛果苔草、毒芹(*Cicuta virosa*)、拉拉藤(*Galium* spp.)、粗根老鹳草(*Geranium dahuricum*)、灰背老鹳草(*Geranium vlassowianum*)、大野苏子马先蒿(*Pedicularis grandiflora*)、五脉山黧豆、小白花地榆、大白花地榆、续继菊(*Sonchus asper*)、细叶繁缕(*Stellaria filicaulis*)、绣线菊(*Spiraea salicifolia*)等。

在退化的沼泽草甸还可以见到一些苔草与小叶章互为共生优势种，这些苔草有毛果苔草、乌拉苔草和臌囊苔草。如同苔草一样，一些沼生的灌木植物也是退化沼泽地的常见伴生种。例如，一些沼泽地原先优势种为越橘柳和沼柳以及苔草类。由于水分条件减少土壤变干，苔草逐渐由小叶章代替；但是这些柳丛还继续生长在退化的沼泽地，因为它们是多年生的木本植物。在一些五花草甸，许多植物开着绚丽多彩的花，此类草甸能够形成美丽的景观。开花的植物包括大活(*Angelica dahurica*)、大苞萱草(*Hemerocallis middendorfii*)、黄花菜(*Hemerocallis minor*)、燕子花、败酱、野火球(*Trifolium lupinaster*)、兴安黎芦(*Veratrum* dahuricum）等。

（6）沼泽化草甸：也称湿草甸，是三江平原常见的湿地类型，主要分布在一、二级台地和河漫滩上，多以小叶章为优势植物。地表过湿或季节性积水，积水条件、地貌部位构成差异，沼泽化草甸由不同的群丛构成，包括小叶章群丛、小叶章—沼柳—膨囊苔草群丛、小叶章—芦苇群丛、小叶章—苔草群丛、水冬瓜（*Saurauia oldhamii* Hemsl.）—丛桦（*Betula fruticosa*）—小叶章群丛等。小叶章的高度可达 1.0~1.3m，生长茂盛，是三江平原的主要牧草，也是各种湿地鸟类的栖息场所。

（7）灌丛：分布在阶地上，以水冬瓜—丛桦—沼柳群丛为主。覆盖度为70%~80%，平均高度可达 0.7~1.5m。

3.2　多源数据收集与数据库建立

3.2.1　数据收集、处理与评价

3.2.1.1　资料的收集

本书收集的数据与资料如表 3-4 所示。

表 3-4　收集资料一览表

资料名称	资料类型	比例尺/分辨率	生产年代
Landsat MSS（113/27）	影像	79m×57m	1976.06.30
Landsat MSS（114/27）	影像	79m×57m	1976.06.23
Landsat-5 TM（113/27）	影像	30m×30m	1986.07.07
Landsat-5 TM（114/27）	影像	30m×30m	1986.06.12
Landsat-5 TM（113/27）	影像	30m×30m	1995.06.06
Landsat-5 TM（114/27）	影像	30m×30m	1995.06.13
Landsat-5 TM（113/27）	影像	30m×30m	2000.09.10
Landsat-5 TM（114/27）	影像	30m×30m	2000.09.17
Landsat-5 TM（113/27）	影像	30m×30m	2006.08.01

资料名称	资料类型	比例尺/分辨率	生产年代
Landsat-5 TM（114/27）	影像	30m×30m	2006.08.24
县、市行政区划图	地图	1：50 000	2000
抚远县地图	地图	1：200 000	1998
同江市地图	地图	1：200 000	1998
三江平原植被图	地图	1：200 000	1985
三江平原土壤图	地图	1：200 000	1985
三江平原地貌图	地图	1：200 000	1985
洪河国家级自然保护区区划图	地图	1：100 000	2001
洪河自然保护区图——保护沼泽生态系统	地图	1：60 000	1997
三江自然保护区总体规划图	地图	1：540 000	2000
气象、水文台站资料	数据		1966～2006
长观井地下水位观测资料	数据		1996～2006
洪河保护区湿地保护可行性研究报告	报告		2006.02
三江保护区三期建设工程可研报告	报告		2007.01
洪河国家级自然保护区总体规划	报告		2001～2002
三江国家级自然保护区总体规划	报告		1997
三江国家级自然保护区科学考察报告	报告		2001
洪河自然保护区的生物多样性	报告		2000
抚远县土地利用总体规划（2005-2020）	报告		2005.09
建三江农垦统计年鉴	报告		2004～2006

3.2.1.2 数据准备和处理

1）建立统一的坐标系

为了便于对空间数据库各层面的数据进行检索、查询和空间分析，需要统一的坐标体系和投影方式。本书需要分析区域土地利用动态变化，各种土地利用类型的面积变化是空间分析的重点，因而选择等面积投影方式。结合区域的地理位置和范围，我们采用正轴等面积双标准纬线圆锥投影（Albers），相关参数如下：①坐标系：大地坐标系；②投影：Albers 正轴等面积双标准纬线圆锥投影；③南标准纬线：47.3°N；④北标准纬线：48.1°N；⑤中央经线：133.8°E；⑥坐标原点：133.8°E 与赤道的交点；⑦纬向偏移：0m；⑧经向偏移：0m；⑨椭球参数：Krasovsky a = 6 378 245.000 0 b = 6 356 863.018 8；⑩统一空间度量单位：meters。

在 ArcGIS 9.1 中使用 PROJECT 命令或在 ERDAS IMAGINE 8.7 中进行数据投影转换，得到具有相同投影方式的各种专题图件。

2) 遥感影像的预处理

A. 遥感影像的几何校正

由于原始遥感影像通常包含严重的几何变形，如扫描畸变、遥感平台的高度、速度和姿态等的不稳定，地球曲率及空气折射的变化等，所以需要对原始的遥感影像进行几何校正，以减少这些系统及非系统性因素而引起的图像变形（Lillesand and Kiefer，1994）。遥感影像几何校正采用选择地面控制点（ground control point，GCP）的方法，理论上，适当增加 GCP 的数量可以增加校正精度。但影像中控制点的选取比较难，有些影像甚至一个明显的 GCP 都没有，这种情况下，需要采用一些有效的方法寻找 GCP。首先，可以认为 GCP 是影像上已知地理坐标的点，这些点可以是影像上和地形图上都有的特殊形态的地物点；其次，要充分利用地形图上的线信息和面信息；最后，通过 Coreldraw 作图软件，充分利用干线道路，铁路拐点等地物特征，将遥感影像与地形图调配至完全吻合，然后在地形图上选取公里网格点作为 GCP，同时注明坐标值，这样就将遥感影像配上了有明确坐标的 GCP。

在 ERDAS IMAGINE 系统中，用纠正过的地形图校正 2006 年 Landsat TM 影像。校正前先选择 TM4、TM3、TM2 三个波段对 2000 年影像进行假彩色增强处理。校正模型选择多项式变换（polynomial transformation），因为多项式原理较直观，计算简单，特别是对地势相对较平坦的情况，具有较好的精度。选用多项式次数时，应尽可能采用低次多项式转换，这是由于高次多项式转换虽然更易获得更小的校正误差（EMS），但是转换更为复杂，并更易产生不规则的结果，合适的多项式应从低次开始，可以先用一次多项式粗略地选三个 GCP。GCP 的选择要均匀分布在图面上，加第四个点时选用自动定位方法，然后放大两图，再调整 GCP 直到加进 6 个 GCP，设成二次多项式，加进 10 个，设成三次多项式，并在操作过程中逐步将精度不合要求的 GCP 剔除，反复计算转换矩阵，直至校正误差达到要求为止。经试验，三次多项式可以达到转换误差的要求，通常整景景像选择三次方。

一次多项式：

$$X' = a_0 + a_1 \times X + a_2 \times Y$$
$$Y' = b_0 + b_1 \times X + b_2 \times Y \tag{3-1}$$

二次多项式：

$$X' = a_0 + a_1 \times X + a_2 \times Y + a_3 \times X \times Y + a_4 \times X^2 + a_5 \times Y^2$$
$$Y' = b_0 + b_1 \times X + b_2 \times Y + b_3 \times X \times Y + b_4 \times X^2 + b_5 \times Y^2 \tag{3-2}$$

三次多项式：

$$X' = a_0 + a_1 \times X + a_2 \times Y + a_3 \times X \times Y + a_4 \times X^2 + a_5 \times Y^2 + a_6 \times X^3 +$$
$$a_7 \times X^2 \times Y + a_8 \times X \times Y^2 + a_9 \times Y^3$$
$$Y' = b_0 + b_1 \times X + b_2 \times Y + b_3 \times X \times Y + b_4 \times X^2 + b_5 \times Y^2 + b_6 \times X^3 +$$
$$b_7 \times X^2 \times Y + b_8 \times X \times Y^2 + b_9 \times Y^3$$

$$\tag{3-3}$$

式中（X'，Y'）为校正后的坐标；（X，Y）为窗口采集坐标；（a_i, b_i）（$i = 0, 1, 2, \cdots, 9$）为变换参数。转换误差 RMS 是在用转换矩阵对一个 GCP 作转换后，期望输出的坐标与实际输出的坐标之间的偏差。

$$RMS = \sqrt{(x_r - x_i)^2 + (y_r - y_i)^2} \tag{3-4}$$

式中，（x_i, y_i）为输入的原坐标；（x_r, y_r）为逆转换后的坐标，然后用校正好的 2000 年影像为基准校正 1976 年、1986 年、1995 年和 2006 年的影像，精校正误差均不超过 0.5 个像元。像元重采样选择双线性插值方法，校正后每个像元分辨率与原影像一致。

B. 遥感影像的辐射校正

辐射校正是消除非地物变化所造成的影像辐射值改变的有效方法，按照校正后的结果可以分为两种，绝对辐射校正方法和相对辐射校正方法。绝对辐射校正方法是将遥感影像的 DN （digital number） 值转换为真实地表反射率，它需要获取影像过境时的地表测量数据，并考虑地形起伏等因素来校正大气和传感器的影响，因此这类方法一般都很复杂，目前大多数遥感影像都无法满足上述条件；相对辐射校正是将一影像作为参考（或基准）影像，调整另一影像的 DN 值，使得两时相影像上同名的地物具有相同的 DN 值，这个过程也叫多时相遥感影像的光谱归一化。多时相遥感影像的相对辐射校正可消除或减小"外源差异"的影响，即消除或减小地物辐射量和大气状况等差异对影像分类造成的影响。两景相邻的不同季相遥感影像经过辐射归一化处理后即可用于自动分类。

相对辐射校正方法主要有基于统计方法的辐射校正、最暗目标法辐射校正和统计回归法辐射校正 3 种方法。①基于统计方法的辐射校正。该方法有不同形式，主要特点是基于参考影像和被校正影像的各种统计特征量进行的两影像之间的相对校正，这些统计特征量有灰度变化范围、灰度均值、标准方差及其他统计量。②最暗目标法（也称直方图平移法）辐射校正。由于传感器本身的误差一般由生产单位根据传感器参数进行校正，所以通常只考虑大气影响造成的畸变。该方法主要根据影像中最暗地物（如水体）不随时间变化这一假设，其对应的反射率也没变化，将每个波段影像中最暗地物灰度值置于零。设影像中最暗地物的灰度值为 d，则将整幅影像像元的灰度值减去 d 这一减少影像中大气散射影响的校正方法就是最暗目标法辐射校正（梅安新等，2001），该过程相当于将原影像直方图平移至直方图坐标原点。③统计回归法辐射校正。该方法要求在两时相影像中找到同一地点没有发生地物类型变化且光谱性质稳定的地物样本点，即地物波谱"准"不变特征点，利用其灰度值的线性相关关系进行校正，不需要传感器的辐射定标和相关大气参数就可获得规则化的地物反射率数据。

a. PIF 选取

选择 2006 年相邻两景影像的 TM5 波段做差值运算 ［图 3-5 （a）］，根据其直方图 ［图 3-5 （b）］ 和差值运算结果确定不变区域提取阈值，从差值运算结果中分离出初始 PIF 样本 ［图 3-5 （c）］ 并制作成二值模板文件。

| (a)TM5波段差值影像 | (b)差值影像的直方图 | (c)二值模板文件 |

图 3-5　PIF 提取效果图

　　用 PIF 样本模板文件裁减两景相邻影像，得到的结果就是两时相遥感影像中对应的不变区域，并形成两时相影像相应波段不变区域灰度的散点图，如图 3-6 所示，我们在散点图上设定两条相距 L 的平行线，使落在平行线内的点上下近似对称，剔除落在平行线以外的样本。表 3-5 为通过质量控制选出样本点后求出试验区两时相影像对应波段的相关系数，两时相影像间样本点的线性相关性越高，其选取的质量就越高。各个波段间所选样本点的相关系数达到 0.98 以上，此时两时相影像对应样本点有很强的相关性，可认为所选的样本点合格。

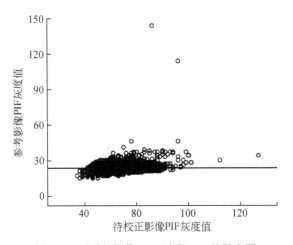

图 3-6　两时相影像 TM1 波段 PIF 的散点图

表 3-5　通过质量控制筛选的 PIF 得到对应波段的相关系数

波段	相关系数	增益	偏移量
1	0.981 862	0.099	46.376
2	0.991 518	0.010	23.129
3	0.986 752	0.004	19.782
4	0.994 252	0.310	47.262
5	0.995 278	0.744	13.189
7	0.985 151	0.348	9.770

b. 线性关系式求解

本书使用最小二乘回归的方法来求解线性回归方程式，方法具有操作简单，实用性强的特点。即首先取得各样本（PIF）的数据系列表示如下：

$$A_1(x_1,y_1),\quad A_2(x_2,y_2),\cdots,A_n(x_n,y_n)$$

借助上述数据序列可以得到如下回归方程：

$$\hat{y}_i = ax_i + b \qquad i = 1,2,\cdots,n \tag{3-5}$$

式中，$\hat{y}_i$ 为第 i 个因变量的计算值，与实际观测值 y_i 是有区别（误差）的。根据最小二乘回归分析法可得到

$$a = \frac{\sum (x_i - \bar{x})(y_i - \bar{y})}{\sum (x_i - \bar{x})^2}$$

$$b = \bar{y} - a\bar{x} \tag{3-6}$$

在式 3-6 中，定义：

$$S_{xy} = \sum_{i=1}^{n} (x_i - \bar{x})(y_i - \bar{y})$$

$$S_{xx} = \sum_{i=1}^{n} (x_i - \bar{x})^2 \tag{3-7}$$

于是回归系数 a 和 b 可以写成：

$$a = \frac{S_{xy}}{S_{xx}}$$

$$b = \bar{y} - \frac{S_{xy}}{S_{xx}}\bar{x} \tag{3-8}$$

将参考影像中 PIF 的像元值 y 和待校正影像对应 PIF 的像元值 x 代入式（3-8）

中就可计算得到参数 a 和 b，即增益与偏移量。通过对待校正影像的灰度线性变换，完成相对辐射校正处理。

通过质量控制选择样本点，确定最终的 PIF，通过回归分析，由式（3-8）计算用于校正的增益和偏移量，完成 2006 年相邻两景影像 TM1 波段的相对辐射校正处理。采用相同的方法完成 2006 年影像其他波段的相对辐射校正，相应波段的增益和偏移量见表 3-5。图 3-7 为试验区原始影像和经过相对辐射校正处理后的影像（波段组合为 TM5、TM4、TM3），从图 3-7 可以看出，校正处理后影像与参考影像总体色彩上更为接近。采用同样的方法分别对 1976 年、1986 年、1995 年和 2000 年相邻两景影像进行辐射归一化处理。

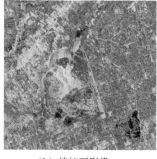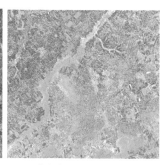

（a）参考影像　　　　　（b）待校正影像　　　　　（c）校正处理后的影像

图 3-7　实验区原始影像及相对辐射校正后的影像

c. 生成植被指数图像

在遥感应用领域，植被指数已广泛用来定性和定量评价植被覆盖及其生长活力。由于植被影像的光谱特征表现为植被、土壤亮度、环境影响、阴影、土壤颜色和湿度复杂混合反应，而且受大气空间-时相变化的影响，因此植被指数没有一个普遍的值，其研究经常表现出不同的结果。研究结果表明，利用在轨卫星的红光和红外波段的不同组合进行植被研究非常好，这些波段在气象卫星和地球观测卫星上都普遍存在，并包含 90% 以上的植被信息，这些波段间的不同组合方式统称为植被指数。植被指数有助于增强遥感影像的解译能力，并已作为一种遥感手段广泛应用于土地利用覆盖探测、植被覆盖密度评价、作物识别和作物预报等方面，并在专题制图方面增强了分类能力。植被指数还可用来诊断植被一系列生物物理参量，如叶面积指数、植被覆盖率、生物量、光合有效辐射吸收系数等；反过来又可用来分析植被生长过程：净初级生产力和蒸散（蒸腾）等。20多年来，国内外学者已研究发展了几十种不同的植被指数模型（表3-6）。部分研究区归一化差值植被指数影像和增强植被指数影像，如图3-8和图3-9所示。

表3-6　常用的植被指数

植被指数名称	特点	计算公式
比值植被指数（RVI）	波段简单线性组合	$RVI = \rho_{NIR} / \rho$
垂直植被指数（PVI）	消除土壤影响	$PVI = (\rho_{NIR} - a\rho'_R - b) / \sqrt{a^2 + 1}$
修正的土壤调节植被指数（MSAVI）	消除土壤背景对植被指数的影响	$MSAVI = (2\rho_{NIR} + 1) - \sqrt{(2\rho_{NIR} + 1)^2 - 8(\rho_{NIR} - \rho_R)} / 2$
归一差值植被指数（NDVI）	消除综合影响因子，增强了对植被的反应能力	$NDVI = (\rho_{NIR} - \rho_R) / (\rho_{NIR} + \rho_R)$
增强植被指数（EVI）	引入反馈项同时订正土壤和大气的影响	$EVI = \dfrac{\rho_{NIR} - \rho_R}{\rho_N + C_1\rho_R - C_2\rho_B + L}(1 + L)$

注：ρ_{NIR}为近红外波段的灰度值；ρ_R为红波段的灰度值；ρ_B为蓝波段的灰度值；L为背景调节参数；C_1、C_2为大气校正参数；a，b为土壤线的斜率和截距

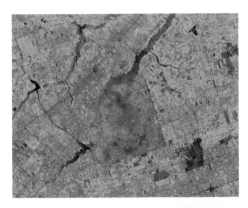

图3-8　研究区归一化差值被指数影像

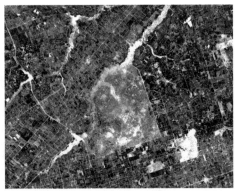

图3-9　研究区增强植被指数影像

d. 纹理特征影像的生成

近年来，利用纹理特征参与遥感影像分类成为提高分类精度的重要手段。纹

理信息由于描述了地物的结构信息，因而满足人们一直寻求的基于结构特征的影像分类和信息提取，是当前地物分类和信息提取的研究热点。Haralick 于 1973 年首先提出灰度共生矩阵（gray level co-ocurrence matrices，GLCM），它成为最常见和广泛应用的一种纹理统计方法。灰度共生矩阵（空间灰度相关方法）通过对影像灰度级之间联合条件概率密度的计算表示纹理，可以描述影像各像元灰度的空间分布和结构特征，在改善影像地学目标分类效果方面具有优势。

灰度共生矩阵提取纹理具体步骤如图 3-10 所示。

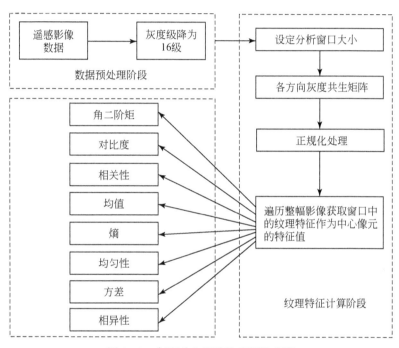

图 3-10　灰度共生矩阵纹理提取步骤

第一步：数据预处理，压缩遥感影像的灰度级，通常压缩为 16 级。

第二步：设定非重叠窗口大小。

第三步：计算窗口内四个不同方向的灰度共生矩阵，包括 $0°$，$45°$，$90°$，$135°$。

第四步：对灰度共生矩阵进行正规化处理。假设灰度共生矩阵的行列数为 N_x，N_y，共生矩阵内每个元素 $P(i, j)$ 都除以 R 得到 $\hat{P}(i, j)$，这里的 R 是正规化常数，当方向为0°每一行有$2(N_x-1)$个水平相邻像素对，因此共有$2N_y(N_x-1)$个水平相邻像素对，这时$R=2N_y(N_x-1)$。同样，当方向时45°时，共有$2(N_y-1)(N_x-1)$个水平相邻像素对。由对称性可知，当方向为90°，135°时，其相邻像素对数是显然的。

第五步：遍历整幅影像获取窗口中的纹理特征作为中心像元的特征值，Haralick等由灰度共生矩阵提取了14种特征。以下给出本书使用的8种纹理特征：

（1）角二阶矩（angularseeond moment），表达式为

$$f_1 = \sum_{i=0}^{L-1} \sum_{j=0}^{L-1} \hat{p}^2(i,\ j) \tag{3-9}$$

角二阶矩特征反映了影像灰度分布均匀程度和纹理粗细度。它是灰度共生矩阵各元素的平方和，也称能量。当影像较细致、均匀时，能量值较大，最大值为1，表明灰度分布完全均匀；当影像灰度分布很不均匀、比较粗糙时，能量值较小。

（2）对比度（contrast），表达式为

$$f_2 = \sum_{n=0}^{L-1} n^2 \left\{ \sum_{i=0}^{L-1} \sum_{j=0}^{L-1} \hat{p}^2(i,\ j) \right\} \quad n = |i-j| \tag{3-10}$$

对比度特征可理解为影像的清晰度，反映邻近像元的反差，描述影像的清晰度、纹理的强弱，值越大，表明纹理效果越明显；值越小，表明纹理效果越不明显，当值为0时，表明影像完全均一、无纹理。对比度特征在边缘和非均质区域都具有较高的亮度值。

（3）相关（correlation），表达式为

$$f_3 = \frac{\sum_{i=0}^{L-1} \sum_{j=0}^{L-1} ij\hat{P}(i,\ j) - \mu_1\mu_2}{\sigma_1\sigma_2} \tag{3-11}$$

式中，$\mu_1 = \sum_{i=0}^{L-1} i \sum_{j=0}^{L-1} \hat{p}(i,\ j)$；$\mu_2 = \sum_{j=0}^{L-1} j \sum_{i=0}^{L-1} \hat{p}(i,\ j)$；$\sigma_1^2 = \sum_{i=0}^{L-1} (i-\mu_1)^2 \sum_{j=0}^{L-1} \hat{p}(i,\ j)$；$\sigma_2^2 = \sum_{j=0}^{L-1} (j-\mu_2)^2 \sum_{i=0}^{L-1} \hat{p}(i,\ j)$。

相关特征用来衡量灰度共生矩阵元素在行或列方向上的相似程度。它描述了影像纹理在一定位置关系下的纹理元的周期性，若纹理元在一定位置关系下具有

周期性特征，则相关特征值高，在该纹理影像上为亮区，相关特征影像从其亮度的变化能更细致的反映非匀质区域的差别。

（4）均值（mean），表达式为

$$f_4 = \sum_{i=0}^{L-1} \sum_{j=0}^{L-1} i \cdot \hat{p}(i, j) \tag{3-12}$$

均值特征反映纹理的规则程度，纹理杂乱无章、难于描述的，值较小；规律较强、易于描述的，值较大。

（5）熵（entropy），表达式为

$$f_5 = -\sum_{i=0}^{L-1} \sum_{j=0}^{L-1} \hat{p}(i, j) \log \hat{p}(i, j) \tag{3-13}$$

熵特征是反映影像信息的指标之一，信息量大则熵特征值大，反之则小。原始影像的均匀性越好，即粗纹理区域，特征影像越暗，均匀性越差，而细纹理区域，则特征影像越亮。

（6）均匀性（homogeneous），表达式为

$$f_6 = -\sum_{i=0}^{L-1} \sum_{j=0}^{L-1} \frac{1}{1 + |i - j|} \hat{p}(i, j) \tag{3-14}$$

对于均质区域，其灰度共生矩阵的元素集中在对角线上，$||i - j||$ 值小，则均匀性特征值较大，在特征影像上相应的区域显示为亮区；对非均质区域，由于其灰度共生矩阵的元素集中在远离对角线上，$||i - j||$ 值大，则均匀性的值较小，在特征影像上表现暗区。所以均匀性特征是图像分布平滑性的测度。

（7）方差（variance），表达式为

$$f_7 = \sum_{i=0}^{L-1} \sum_{j=0}^{L-1} i \cdot j \cdot \hat{p}(i, j) - \mu^2 \tag{3-15}$$

方差特征量反映了影像的不均匀特性。对于均质影像区域，方差特征统计值最小，在方差特征影像上表现为暗区，而对于非匀质区域，方差统计最大，在特征影像上表现为灰白区。而影像中的边缘具有较大的灰度差，因此在方差特征影像上有最大的亮度值，方差特征纹理影像上的亮线条往往是原始影像的边缘。方差特征影像反映了原始影像纹理的非匀质特性，在原始影像上，不管是高的光谱区，还是低的光谱区，如果区域是匀质的，那么在特征影像上的反映都为暗区。

（8）相异性（dissimilarity），表达式为

$$f_8 = - \sum_{i=0}^{L-1} \sum_{j=0}^{L-1} (i-j) \hat{p}(i,j) \tag{3-16}$$

图 3-11 和图 3-12 为部分研究区影像灰度共生矩阵的两种纹理特征影像。

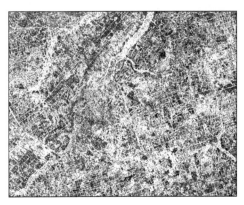 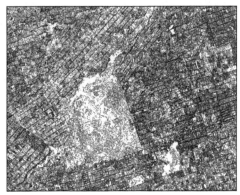

图 3-11　研究区熵纹理影像　　　　图 3-12　研究区均匀纹理影像

3）地形图的准备

收集覆盖小三江平原 1986 年比例尺为 1∶50 000 地形图 36 幅，洪河保护区 1992 年比例尺为 1∶10 000 地形图 20 幅。

A. 地形图的几何校正

纸介质地形图在存放过程中不可避免地会产生局部皱折、纸张伸缩和变形等问题，且在扫描过程中因传感器灵敏度的变化，扫描速度不均匀，图纸放置不正而产生扫描视角偏斜等因素，都将使扫描地图存在不可忽视的形变误差。因此，扫描地形图必须经过形变校正，才能得到精密、正确的地形图。几何校正就是将地形图栅格数据投影到平面上，使其符合地图投影系统（所有的地图投影系统都遵从一定的地图坐标系统）的过程，其实质就是找出形变前后坐标的对应关系，消除图纸存放及扫描时所产生的几何畸变。

一般采用控制点方法对地形图进行校正，建立控制点文件。地形图校正的控制点分为图幅控制点和方里网控制点两类，控制点层是在 Arc/Info 的 GENERATE 模块下实现的。按 1∶10 万国家基础地形图分幅标准（30′×20′），利用 FISHNET 命令生成地理坐标，再按 10km×10km 生成各 6° 带高斯投影的方里网坐标，然后

利用 PROJECT 命令进行投影变换，分别生成 Albers 投影的图幅控制点文件和方里网控制点文件。在 ERDAS IMAGINE 系统中，启动数据预处理模块（Data Preparation），利用 Image Geometric Correction 命令对地形图进行几何校正。几何校正模型采用 Polynomial，次方数为 1（不必定义投影参数）。次方数与所需要的最少控制点数是相关的，最少控制点数计算公式为 $(t+1)\times(t+2)/2$，式中 t 为次方数。几何校正采点模式采用窗口采点模式，依据在 Arc/Info 中生成的控制点层，以矢量对影像方式进行几何校正。最后选择双线性插值法进行影像重采样，并存为 TIFF 格式。校正后的地形图可作为其他影像和图件的控制影像，并可用于生成数字高程模型（digital elevation model，DEM）。

B. 制作数字高程模型

数字化校正后的地形图上的等高线和高程点，并将此矢量数据利用 AML 批处理命令由 Gauss 投影转换成 Albers 投影，然后完成研究区所有矢量等高线和高程点的拼接。利用 Arc/Info 的 ARC 模块下的命令 ARCTIN 将其转换为不规则三角网（triangulated irregular network，TIN），利用 TINLATTICE 命令将 TIN 转换成 GRID，栅格分辨率为 30m，即为数字高程模型（图 3-13）。利用 ArcGIS 中 3D A-NALYSIS 模块的 SLOPE 和 ASPECT 命令分别生成坡度和坡向 GRID，栅格分辨率同样为 30m。

4）土壤、地貌、植被图的处理

三江平原土壤图、三江平原地貌图和三江平原植被类型图是国家"六五"科技攻关科研成果，比例尺为 1:200 000，均为 1985 年成图。为了对其进行数字化处理，先经过计算机扫描成栅格影像，然后根据专题图上的经纬度建立控制点，对其进行校正，重投影成本书统一的坐标系 Albers，如图 3-14~图 3-16 所示。

5）野外测试样本的采集

野外测试样本分别于 2007 年 5 月对洪河保护区进行野外调查，2007 年 8 月对三江自然保护区进行野外调查。在研究区选取 609 个训练样本，用 GPS 定位记录植被类型，用于影像分类结果的精度验证（图 3-17）。

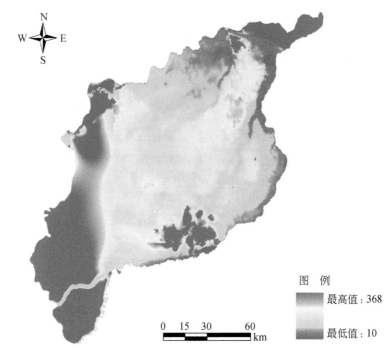

图 例

最高值：368

最低值：10

0　15　30　60
km

图 3-13　研究区地形图

中
国
东
北
典
型
沼
泽
湿
地
自
然
保
护
区
遥
感
监
测

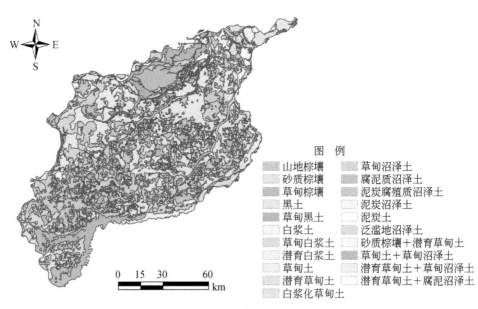

图 例

山地棕壤	草甸沼泽土
砂质棕壤	腐泥质沼泽土
草甸棕壤	泥炭腐殖质沼泽土
黑土	泥炭沼泽土
草甸黑土	泥炭土
白浆土	泛滥地沼泽土
草甸白浆土	砂质棕壤＋潜育草甸土
潜育白浆土	草甸土＋草甸沼泽土
草甸土	潜育草甸土＋草甸沼泽土
潜育草甸土	潜育草甸土＋腐泥沼泽土
白浆化草甸土	

0　15　30　60
km

图 3-14　研究区土壤图

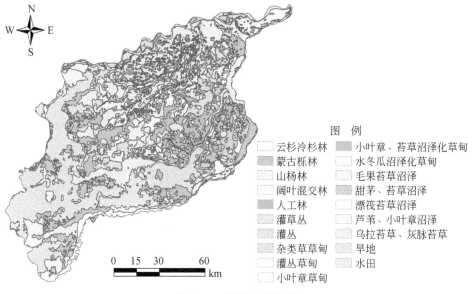

图 例

☐	云杉冷杉林	▨	小叶章、苔草沼泽化草甸
▨	蒙古栎林	☐	水冬瓜沼泽化草甸
☐	山杨林	▨	毛果苔草沼泽
☐	阔叶混交林	▨	甜茅、苔草沼泽
▨	人工林	☐	漂筏苔草沼泽
▨	灌草丛	▨	芦苇、小叶章沼泽
▨	灌丛	▨	乌拉苔草、灰脉苔草
▨	杂类草甸	▨	旱地
☐	灌丛草甸	▨	水田
☐	小叶章草甸		

0 15 30   60
━━━━━━━━━━━━ km

图 3-15 研究区植被图

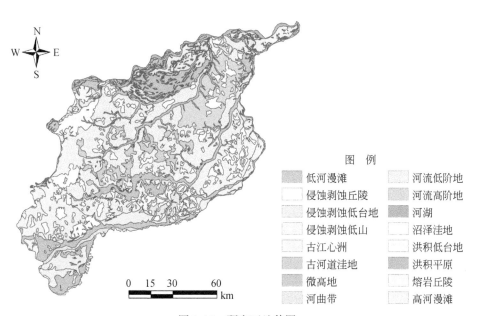

图 例

▨	低河漫滩	☐	河流低阶地
☐	侵蚀剥蚀丘陵	☐	河流高阶地
▨	侵蚀剥蚀低台地	▨	河湖
☐	侵蚀剥蚀低山	☐	沼泽洼地
☐	古江心洲	☐	洪积低台地
▨	古河道洼地	▨	洪积平原
☐	微高地	☐	熔岩丘陵
▨	河曲带	☐	高河漫滩

0 15 30   60
━━━━━━━━━━━━ km

图 3-16 研究区地貌图

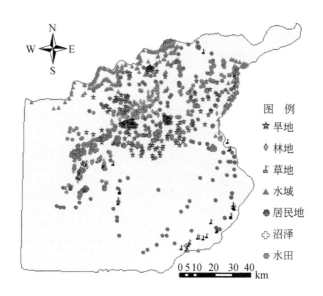

图 例

☆ 旱地
◇ 林地
♫ 草地
▲ 水域
✿ 居民地
✤ 沼泽
● 水田

0 5 10 20   30 40
━━━━━━━━━━━ km

图 3-17　研究区测试样本空间分布

6）统计数据的整理

　　本书用到的统计数据主要包括社会经济统计数据和气象数据。农业在该区社会经济发展中地位突出，而且农业与土地利用/覆盖变化的关系最为密切，因而，整理资料时重点关注能反映研究区农业经济发展的相关数据项。本书收集了1976～2006年时间序列数据，包括农业人口，农业总产值，种植业、林业、牧业、渔业产值，水田、面积，农作物播种面积，粮豆面积，水稻、小麦、玉米、大豆面积，粮食产量，水稻、小麦、大豆、玉米产量，主要作物单产，大牲畜头数，猪、羊及水产品产量，农业机械总动力，化肥施用量，机耕面积，有效灌溉面积，农村净收入等。

　　其他数据：总人口，国内生产总值，第一产业、第二产业、第三产业产值，人均国内生产总值，基本建设投资，公路通车里程，货运周转量、客运周转量等。土地利用变化与区域气候变化关系密切，在全球变暖的背景下，该区具有冷湿效应的湿地被大量开垦，其所造成的影响在区域的气候变化中有所反映。本书收集的统计资料中，气候数据项包括平均气温，全年蒸发量，全年降水量，平均风速和无霜期天数；并收集了研究区内同江市、抚远县、鸭绿河农场、前锋农场、洪河农场、勤得利农场、浓江农场、二道河农场、八五九农场、前哨农场、前进农场、胜利农场、创业农场、红卫农场的 1976 以来的逐月气象数据，包括气温、降水和日照等数据项，用于反映区域气候波动情况。另外，本书还收集了建三江农垦分局各农场的地下水位观测数据（1997～2006 年，观测周期为 5 天，共计 49 眼观测井）。

3.2.1.3 数据的评价

为了系统地反映用于湿地监测的多源数据的信息，首先要开展现有资料分析评价。它是关系到湿地监测工作如何开展、可开展到何种程度以及还缺少哪些必要信息的关键。

1）评价原则

（1）资料现势性：现有图件是否为现有最新资料，能否反映自然环境的现实状况。

（2）精度满足要求：现有地图比例尺与所选用的遥感影像分辨率能否满足湿地监测任务要求的精度。

（3）内容完备性：各专题图层资料能否全面反映研究区的相关内容。

（4）技术可操作性：采用的技术方法是否具有可操作性，能否获得需要的信息和精度。

2）评价内容

数据的评价包括湿地监测所用到的多源数据的方方面面，主要包括辅助环境专题图件和遥感数据的评价和用于社会经济背景方面的现有图件和数据资料评价。评价的内容包括现有图件内容的完整性、现势性、比例尺精度等问题以及遥感影像的时相、清晰度、分辨率等。

从资料的现势性来看，现有 1976 年、1986 年、1995 年、2000 年和 2006 年的 Landsat MSS/TM 影像数据获取时间选择得当，影像质量清晰、空间分辨率为 30～80m，能满足近 30 年来区域范围内湿地监测的需要。水文图、行政交通图是在最新的地形图数字化的基础上，用遥感影像对其更新，基本上能反映现实情况；植被类型图主要通过解译 LandsatTM 影像，参考 20 世纪 80 年代"三江平原植被图"绘制而成；地貌图和土壤图是数字化 1985 年的"三江平原地貌图"和"三江平原土壤图"而成，因为地貌和土壤的变化相对不大，地貌和土壤专题图的现势性也较高。气象数据和社会经济统计数据是在收集和整理《建三江农垦统计年鉴》（2004~2006），《洪河自然保护区的生物多样性（2000）》，《三江国家级自然保护区科学考察报告（2001）》和各农场气象站点监测数据（1976~2006年）后获得的，能反映研究时段内的社会经济条件的变化和气候波动。专题图和遥感影像的比例尺相对较大，地形图的比例尺为 1：50 000，地貌图、植被图和土壤图的比例尺达到 1：200 000，基于遥感影像上获得的专题图层的比例尺约为 1：100 000，基本能满足区域湿地遥感监测的需求。

3.2.2 数据集成与数据库的建立

集成是指通过结合将分散的部分形成一个有机整体，不同专业中数据集成的内涵不同，地学中的数据集成是指将不同来源、格式、特征的地学数据逻辑上或物理上的有机集中。有机是指数据集成时充分考虑了数据的空间、时间和属性，以及数据自身及其表达的地理特征和过程的准确性（Johnson，1998）。因此，地学空间数据集成是对数据形式特征（如格式、单位、分辨率、精度等）和内部特征（如特征、属性、内容等）做出全部或部分的调整、转化、合成、分解等操作，其目的是形成充分兼容的数据库。本书数据集成的主要工作是对数据内部属性、空间数据的精度、空间分析的尺度进行重新调整，使遥感影像与地学辅助专题数据能够有机地组织在一起，以满足湿地遥感监测的需要。

1）空间数据库的集成

本书的空间数据库主要包括遥感数据、地学辅助数据以及气象和社会经济统计数据。遥感数据包括 Landsat MSS/TM 影像，将各期影像按照同名地物点严格配准，并将 Landsat MSS 影像进行重采样，使其像元分辨率为 30m×30m，与 Landsat TM 影像一致。地学辅助数据选择直接或间接影响湿地空间分布的要素，主要包括地貌、土壤、植被、地形、水文、道路、居民点等。由于地貌、土壤和植被图的比例尺为 1：200 000，而地形图的比例尺为 1：50 000，为了更好地进行专题图匹配，在数字化时要对因比例尺产生的变形或制图综合产生的放大现象进行局部校正处理。气候和水文要素数据来自各气象站和水文站，将其输入Foxpro数据库，根据站点的地理坐标，定位到研究区的基础底图上；社会经济状况按乡（镇）或农场统计，以反映人类活动对湿地退化的影响程度。

2）空间数据库的建立

通过对湿地遥感数据、地学辅助数据、气象和社会经济统计数据的集成，利用 ArcGIS 9.1 建立能反映研究区湿地空间分布及景观动态变化的空间数据库。该数据库由基础控制数据、遥感数据、自然环境背景数据和社会经济背景数据组成（图 3-18）。

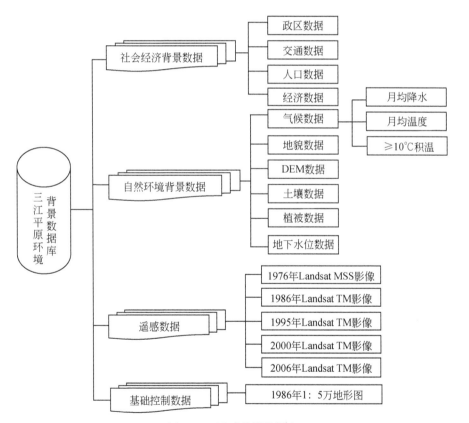

图 3-18　遥感监测数据库

3.3 基于决策树模型的湿地景观多源遥感监测

3.3.1 决策树技术的理论基础与技术流程

3.3.1.1 决策树的基本概念

决策树（decision tree）分类法是归纳式学习法的一种，主要功能是由分类已知的事例来建立一树状结构，并从中归纳出事例的某些规律，而产生出的树结构可以用于样本外的预测。在决策树的树状图里，每个内部节点（internal node）代表对某属性的测试，其下的每个分支（branch）代表此属性的一个可能值，或多个可能值的集合。最后每个树叶节点（leaf node）对应的是一个目标类别（target class）（图3-19）。

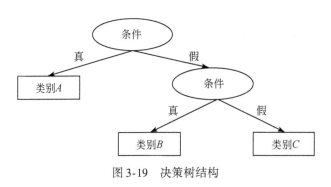

图3-19　决策树结构

传统决策树的根部在顶端，在建立决策树时，一批数据从根部进入后，应用一项检验选择进入下一层哪个子节点，虽然检验的选择有不同的演算法，但减少检验后子节点内的凌乱度（disorder），是选择检验属性的共同目标。这个过程不断重复，直到数据到达叶节点为止。算法应尽量减少节点测试的操作，尽快使每个叶节点内的每个样本种类都相同，这样建立起来的决策树深度会比较浅，才能将隐藏规则归纳出来，避免只是做记忆样本属性的工作。大部分决策树算法在满足下面三种条件之一成立时，就会停止树的生长：①节点中只含有一个记录；②节点中所有记录都有相同的特征；③无选择规则。

然而按照这种算法建立的决策树结构往往过于庞大。决策树变得异常庞大有多种原因：其中之一是特征描述不当，有些树特征描述方式不能精确地建立目标概念模型，当用这种描述方式时，目标模型非常复杂；另一个导致树庞大的原因是噪声。当事例包含大量的特征噪声（即错误标签的特征值）或类噪声（即错误标签的类值）时，归纳运算会因为不相关的事例特征而将树扩展的漫无边际。噪声导致无关的事例掺杂在选定的测试集中，这将引起"无谓建模"的现象，即树将目标概念和内部噪声都作为建模的对象。因此，决策树构建完成后还需要做适当的修剪（pruning）。

进行决策树修剪时有两个常见方法：①前期修剪（pre-pruning）；②后期修剪（post-pruning）。前期修剪是以提早停止决策树生长来达到修剪的目的，当树停止生长时，末端节点即为树的叶节点。树叶的标识（label），为该节点训练集合（training set）中占有比例最大的类别。停止决策树生长的时机是在决策树建立前，事先设定好一个阈值（threshold），当分支节点满足该阈值的设定，就停止该分支继续生长。相反，后期修剪是先建立一棵完整的树，再将其分支移除的做法，移除分支的依据是计算该分支的错误率（error rate），最末端未被移除的分支节点就变成叶节点。前期修剪法所设定的阈值过于主观，因此后期修剪法更为通用。其概念以图3-20说明将更为清楚。决策树经过生长和修剪后，就可从中获取样本中隐藏的规律，从每个树根（root）开始，到某个树叶节点（leaf node）的路径（path），都代表一条分类规则。

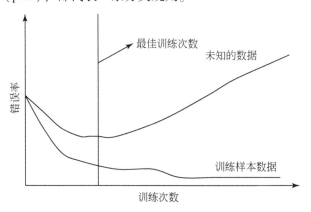

图3-20 决策树的剪树对错误率的影响

决策树分类法在遥感中的应用目前主要体现在对遥感信息的提取和分类上。决策树以其直观、清晰、计算效率高等特点受到遥感专家的青睐。特别是，它在处理多维属性时，较传统的遥感分类方法有了一定的提高，它能利用除光谱特性以外的其他属性（包括相关的几何、纹理特性以及数字地形模型等背景信息），在影像处理的过程中确定各属性的重要程度，从而可以提取必要的属性进行分类。图 3-21 表示了决策树用于遥感分类的基本过程与框架。

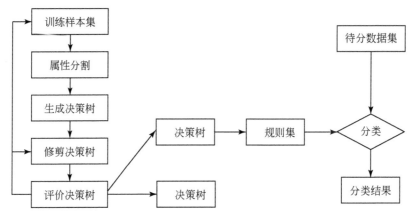

图 3-21　决策树遥感分类的基本过程与框架

应用于遥感领域比较成熟的决策树构建方法有著名的 Quinlan 提出的 ID3，C4.5，C5.0 系列，分类回归树分析（classification and regression tree，CART），SLIQ（supervised learning in quest），SPRINT（scalable parallelizable induction of decision trees）和 CHAID（chi-squared automatic interaction detection）等。各种算法的构建过程都是分决策树的生长和修剪两步进行的，差异主要是决策树生长过程中分枝准则的确立方法和修剪技术（中国人民大学统计学系数据挖掘中心，2002）。当前，在遥感领域中使用较多的是 Quinlan 系列，该系列算法采用基于信息熵的方法构建分枝规则，然而采用的是预修剪技术，需要使用者对数据分布有较清楚的把握，并且常常需要反复地调整设置参数。本书将讨论 CART 算法以及由此算法作为元分类器构建的随机森林在湿地遥感信息提取中的应用。

3.3.1.2　分类回归树分析

CART 分析是 Breiman 于 1984 年提出的一种决策树构建算法，并不断进行了改进。其基本原理是通过对由测试变量和目标变量构成的训练数据集的循环二分形成二叉树形式的决策树结构。该算法既可以用于分类，也可以用于连续变量的预测。当目标变量为离散的分类类别值时称为分类树；当目标变量为连续值时称为回归树。在土地利用/覆盖分类中，目标变量是土地利用/覆盖的类型值，测试变量为所利用的分类特征。该算法具有以下优点：结构清晰、易于理解；实现简单、运行速度快、准确性高；可以有效地处理大量的高维数据；可以处理非线性关系；对输入数据没有任何统计分布要求；输入数据可以是连续变量也可以是离散值；包容数据的缺失和错误；可以给出测试变量的重要性。

CART 分析在决策树生长过程中，采用经济学领域中的基尼（Gini）系数作为选择最佳测试变量和分割阈值的准则。基尼系数的数学定义如下：

$$GiniIndex = 1 - \sum_{j}^{J} p^2(j \mid h) \qquad (3-17)$$

$$p(j \mid h) = \frac{n_j(h)}{n(h)}$$

$$\sum_{j=1}^{J} p(j \mid h) = 1$$

式中，$p(j \mid h)$ 为从训练样本集中随机抽取一个样本，当某一测试变量值为 h 时，属于第 j 类的概率；$n_j(h)$ 为训练样本中该测试变量值为 h 时属于第 j 类的样本个数；$n(h)$ 为训练样本中该测试变量值为 h 的样本个数；J 为类别个数。

按照上述过程生成的完整决策树往往会出现"过度拟和"的现象，这是因为完整的决策树结构对训练样本特征的描述"过于精确"，包含了噪声信息，失去了一般代表性而无法对新数据进行准确分类，因此有必要对树的结构进行修剪。CART 算法采用交叉验证的方法进行修剪，将样本数据分为训练数据和验证数据两部分，通常分为十等份，每次以其中的九份作为训练数据，一份作为检验数据，如此循环交替进行验证。验证过程中引入一个"可调错误率"的概念，即对某个树枝的所有叶节点增加一个惩罚因子，如果该树枝仍然能够保持低错误率，则说明它是强者，予以保留；否则它是弱者，给予剪除。最终的分析结果是一棵兼顾复杂度和错误率的最优二叉树，一系列二分点定义的每条途径都对应了一个最可能归属类别的判断条件。因此，这棵树可以看作一系列可以用来对未知值进行分类的规则。CART 算法的技术流程如图 3-22 所示。

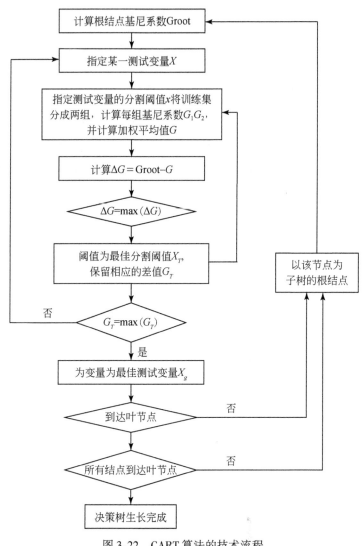

图 3-22　CART算法的技术流程

3.3.1.3　随机森林

近年来，多分类器组合的方法在机器学习领域广泛发展。许多研究表明组合分类器同单一分类器相比可以提高分类正确率，并有效减少过拟合的现象提高推广能力。随机森林（random forest）就是一种利用多个随机树分类器组合进行分类的方法，研究表明该算法可以有效地对高维小样本进行分类，具有速度快、稳健性好的特点。

随机森林是一系列树结构分类器 $\{h(x, \beta_k)\}$ 的集合，其中元分类器 $h(x, \beta_k)$ 为用 CART 算法构建的没有剪枝的分类回归树；x 为输入向量；β_k 为独立同分布的随机向量，决定了单棵树的生长过程；森林的输出采用简单多数投票法（针对分类）或单棵树输出结果的简单平均（针对回归）得到。在对输入特征向量进行分类时，首先把该向量输入森林中的各个决策树，每棵树都对输入向量单独分类，并按照分类结果进行投票，随机森林选择得票最多的分类结果作为输出。整个算法主要包括两个部分：树的生长和投票过程，如图 3-23 所示。

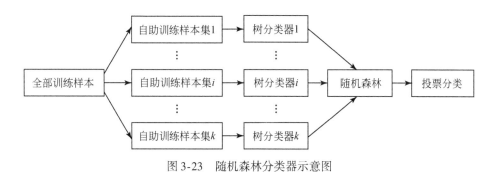

图 3-23　随机森林分类器示意图

1）树的生长

随机森林通过自助法（bootstrap）重采样技术（Efton and Tibshirani，1986），生成多个树分类器。树的生长主要按照下面三个步骤。

（1）从容量为 N 的原始训练样本集合中采取有放回抽样的方法随机抽取 bootstrap 样本集，重复 k 次。

（2）把每个 bootstrap 样本集作为训练集生长单棵分类树。设一共有 M 个输入特征，设定一个数值 $m<M$，则在树的每个节点处，从 M 个特征中随机选取 m 个进行计算，按照节点不纯度最小的原则从这 m 个特征中筛选出最佳拆分点进行分支生长。在整个森林的生长过程中，m 将保持恒定。

（3）随机树充分生长，使每个节点的不纯度都达到最小，不进行剪枝操作。
从上面的步骤中可以看出，随机森林与其他树分类器最大的不同就是在树的生成过程中引入了两个随机因素：一是从训练样本中随机抽取训练集来生长树；二是在每棵树的节点处随机选择特征变量进行分支。有了这两种随机因素，分类树集合的正确率更加稳定，获得了更好的推广能力，也使随机森林克服了常见决策树算法的一些缺点。

2）投票

有许多种分类器融合的方法能够把一系列决策树的分类结果结合起来，在随机森林算法中，采用了投票取多数的方法。把特征向量输入各个决策树，得到每棵树的分类结果。对于每个输入向量，选取得票数最多的类别作为算法的预测结果。有些时候可以人工设定一些阈值来放松这个条件，在投票过程中一旦某个类别的得票超过这个阈值，就可以认为该类别是最后分类结果。

3）分类误差的估计

由于采用放回抽样的方法，在随机产生 bootstrap 训练集时，约有 1/3 左右的原始样本不会被抽中，这些剩余样本被称为袋外（out-of-bag, OOB）数据。当一个分类树生成后，用该树对其对应的全部 OOB 数据进行分类预测。由于每次抽样所留下的 OOB 样本均不相同，因此在整个随机森林的计算过程中，每一个样本可能会多次被分入 OOB 样本，从而得到多个分类结果。把这些预测值进行汇总投票，即可得到该样本的最佳分类结果。将这个结果和实际类别相比较，就可以得到随机森林算法分类误差的估计。

对于给定的分类器定义样本点的间隔函数（margin function）为

$$m.g(x, y) = P_\Theta(h(x, \theta) = y) - \max_{j \neq y} P_\Theta(h(x, \theta) = j) \tag{3-18}$$

式中，x 为输入向量；y 为对应的输出；$P_\Theta(\cdot)$ 为对 N 个分类器求平均。$m.g(x, y)$ 衡量了分类器集合将样本分对的平均票数与将其错分为其他类的平均票数之差，$m.g(x, y) > 0$ 表明这个样本被该组分类器分类正确。随机森林的分类强度定义为

$$s = E_{X, Y}(mg(x, y)) \tag{3-19}$$

用 $\bar{\rho}$ 来表示分类器集合 $\{h(x, \theta); \theta \in \Theta\}$ 间的相关度，则随机森林泛化误差的估计为

$$PE^* = P_{X,Y}(m.g(x, y) < 0) \leqslant \frac{\bar{\rho}(1 - s^2)}{s^2} \qquad (3\text{-}20)$$

由式（3-20）可见，影响随机森林分类性能的主要因素是森林中单棵树的分类强度 s 和森林中树之间的相关度 $\bar{\rho}$。每棵树的分类强度越大，则随机森林的分类性能越好。树之间的相关度越大，则随机森林的分类性能越差。一般而言，减小分支时随机选取的特征个数 m 可以同时使树间的相关性和树的强度下降，而增大 m 会使两者同时上升。因此存在一个合适的 m 取值区间，常用的方法就是多尝试几个取值，从中找到分类误差最小的取值。

4）随机森林的特点

随机森林的特点有：①两个随机性的引入，使得随机森林不容易陷入过拟合；②两个随机性的引入，使得随机森林具有很好的抗噪声能力；③可以处理大量的输入变量，对数据集的适应能力强；既能处理离散型数据，也能处理连续型数据，数据集无需规范化；④它包含一个好方法可以估计遗失的资料，并且，如果有很大一部分的资料遗失，仍可以维持准确度；⑤它可以计算各样本的亲近度，对于数据挖掘、侦测偏离者和及样本的可视化非常有用。

3.3.2 训练样本与分类变量的选取

3.3.2.1 训练样本的选取

在遥感影像计算机的分类实践中，训练区的选择对分类精度的好坏有重要影响。选择训练区的目的是估计每一地物类型的光谱分布统计特征参数，训练区的选择必须遵循如下原则：①样本点的选择要具有代表性或典型性，即选出的样本点必须是该地物类型的"蓝本"，它能很好地代表该地物类型的光谱分布模式，这就要求在选择训练样本时，应在一个区域的中间位置选择像元点。这时，其光谱代表性好，受到的"异类"光谱影响较小。②样本点的选择要具备完备性，即对于图像中待分类的每一个类型，如果其存在许多亚类，就必须从所有的亚类中选择像元点构成一组复杂的训练样本来作为其大类的训练区，也就使得训练区的统计结果能充分反映每一类型中光谱类别的所有组成。

本书土地覆盖分类系统的建立综合考虑到以下三个因素：①Landsat TM 影像的空间分辨率和不同土地覆盖类型影像光谱特征的可分性；②研究区植被分布特征和历史监测记录；③已有的国家标准土地利用/覆盖分类系统。将本书的分类体系确定为旱地、水田、林地、草甸、水域、居民地、沼泽七种土地覆盖类型（表3-7）。本书选择七种土地覆盖类型共50 627个训练样本，来源于：①2007年5~8月对研究区进行野外调查获得的GPS实测样本数据和高分辨率遥感影像；②近期有植被群落构成和地理坐标记录的湿地数据库。各种土地覆盖类型选取的训练样本个数取决于其在研究区所占的面积比，以避免出现等比例训练样本所造成的稀有类型的过多预测现象。

表3-7 研究区土地利用/覆盖分类系统及影像特征

类型	空间位置	影像特征		
		形态	色调	纹理
旱地	主要分布在波状冲/洪积平原和台地	地块边界清晰，几何特征规则，呈大面积分布	浅灰色或浅黄色（春季）、红色或浅红色（夏季）、褐色（收割后）	有条形纹理，有田块形状，可见农田防护林网格
水田	主要分布在沿江高河漫滩、冲积与湖积平原和低阶地上	几何形状特征明显，边界清晰，田块较大，有渠道灌溉设施，呈大面积分布	深绿色、浅蓝色（春季）、粉红色（夏季）、绿色与橙色相间（收割后）	影像纹理较均一，平滑
林地	散布在覆沙波状平原、台地、沙岗地或沙质高平地上	受地形控制边界自然圆滑，呈不规则形状，边界规则呈块状、边界清晰	深红色、暗红色，色调均匀	有绒状纹理
草甸	分布在波状平原、湖成低洼地、平地和坨甸相间的甸子地	呈面状、条带状、块状，边界清晰	红色、黄色、褐色、绿色	影像结构较均一，致密，无纹理
水域	分布在平原上	几何形状特征明显，自然弯曲，局部明显平直，边界明显	深蓝、蓝、浅蓝色	影像结构均一

类型	空间位置	影像特征		
		形态	色调	纹理
居民地	各地貌类型区均有分布	几何形状特征明显，边界清晰	青色、灰色、杂有其他地类色调	影像结构粗糙
沼泽	分布在河流沿岸及平原上的低洼地	几何形状特征明显，边界清晰	红色、紫色、黑色	影像结构细腻

3.3.2.2 分类变量的选取

1）影像光谱特征选取

光谱响应特征是多光谱遥感影像地物识别最直接也是最重要的解译元素。地表的各种地物由于物质组成和结构不同而具有独特的波谱反射和辐射特性，在影像上反映为各类地物在各波段上灰度值的差异。本书选取 Landsat-5 TM 影像的 6个波段灰度值（TM1，TM2，TM3，TM4，TM5，TM7），Landsat-5 MSS 影像的 4 个波段灰度值（TM1，TM2，TM3，TM4）作为分类预测变量；并从中提取归一化植被指数（normalized difference vegetation index，NDVI）增强植被指数（enhanced vegetation index，EVI）和主成分变换（principal component analysis，PCA）后的第一主成分（PC1）作为分类预测变量。

2）影像纹理特征选取

在研究区 Landsat TM 影像上选取大于 $5hm^2$ 主要地物类型的训练样区（图3-24）。采用 ENVI 4.4 软件的整体空间统计功能（global spatial statistics function）得到各训练样区 6 个波段灰度值、NDVI、EVI 和 PC1 的半方差图，根据半方差分析的变程确定最优的窗口大小（Franklin et al.，1996）。

半方差分析以空间上任一距离分隔的两点上随机变量的差异为基础，分析随机变量的空间自相关性。设 $Z(x)$ 为区域化随机变量，并且满足二阶平稳和本征假设；h 为两样本点空间分隔距离；$Z(x_i)$ 和 $Z(x_i + h)$ 分别为区域化随变量 $Z(x)$

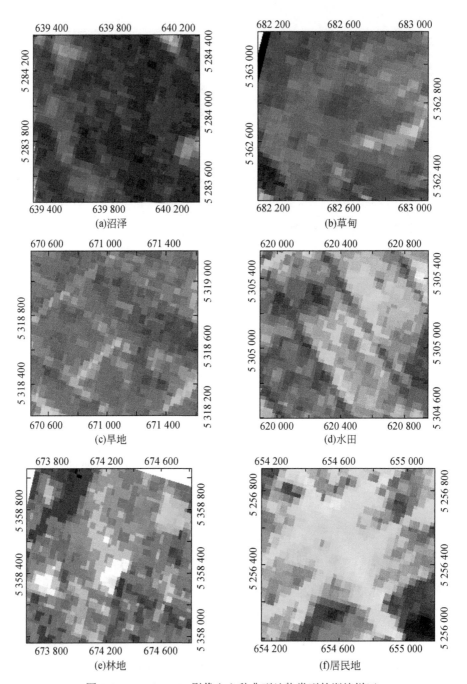

(a)沼泽 (b)草甸 (c)旱地 (d)水田 (e)林地 (f)居民地

图 3-24 Landsat TM 影像上六种典型地物类型的训练样区

在空间位置 x_i 和 $(x_i + h)$ 上的观测值（$i = 1$，2，$N(h)$），则空间上具有相同间距 h 的 $N(h)$ 对观测值的半方差计算公式如下（Webster，1985）：

$$\gamma(h) = \frac{1}{2N(h)} \sum_{i=1}^{N(h)} \left[Z(X_i) - Z(X_i + h) \right]^2 \qquad (3-21)$$

它是点间差异的一半，因此将 $\gamma(h)$ 称为半方差。以 $\gamma(h)$ 为纵轴，h 为横轴，绘制出 $\gamma(h)$ 随 h 增加的变化曲线为半方差图。从图 3-25 中可以得到半方差图的三个基本参数：变程、基台值和块金方差。半方差的函数值都在随样点间距的增大而增大，并在一定的间距内，增大到一个稳定的常数，这时的样点间距称为变程。方差函数在变程处达到的平稳值叫基台值，它反映采样数据的最大差异量。空间距离较变程大时，半方差函数仍保持其平稳值，因此变程可以用来度量空间相关性的最大距离。

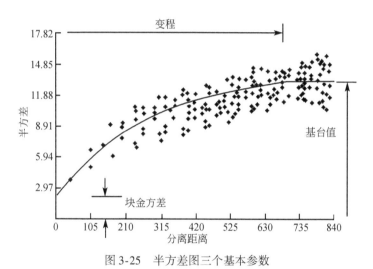

图 3-25　半方差图三个基本参数

训练样区典型地物类型（表 3-7）6 个光谱波段（TM1，TM2，TM3，TM4，TM5，TM7）、NDVI、EVI 和 PC1 的半方差图如图 3-26 所示。将每种典型植被结构类型半方差分析的变程值作为纹理分析中最优尺度的窗口。由图 3-26 可见五种典型地物类型在 9 个影像特征上的半方差函数多在样点间距为 3 个像素（90m）和 11 个像素（330m）时达到稳定。为了保证像素纹理特征的相关性，将此时的样点间距作为计算纹理特征的最优窗口大小。而对于个别变量的沼泽植被类型的半方差图，变程值为 3 ~ 11 个像素值（约为 9 个像素），综合考虑整体

中国东北典型沼泽湿地自然保护区遥感监测

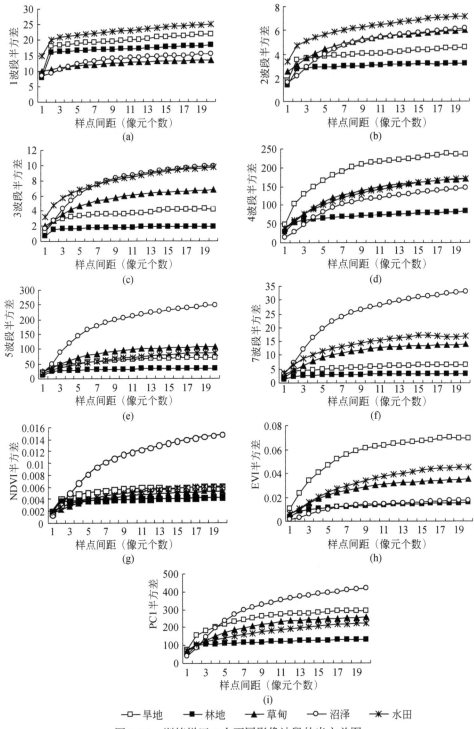

图 3-26　训练样区 9 个不同影像波段的半方差图

的变程值和计算量，在确保不会出现较大误差的前提下，仍将 3 个像素和 11 个像素作为纹理分析的最优窗口。

使用 ENVI 4.4 计算训练样区 6 个波段灰度值，NDVI、EVI 和 PC1 的方差，均匀性，对比度，非相似度和熵 5 个纹理统计值。纹理窗口大小根据半方差分析的结果确定，纹理计算中的参数设置为：移动步长取 1，移动方向为 0。然后计算任意两种地物类型各波段纹理特征的 z 统计值，从中选取统计显著性差异较大的影像特征与纹理特征的组合作为预测变量，z 统计值的计算公式如下（Zar，1984）：

$$z = \frac{(\mu_1 - \mu_2)}{\sqrt{\dfrac{s_1^2}{n_1} + \dfrac{s_2^2}{n_2}}} \tag{3-22}$$

式中，μ_1，μ_2 分别为两组训练样区纹理特征的均值；n_1，n_2 分别为两组训练样区所包含的样本个数；s_1，s_2 分别为两组训练样区纹理特征值的方差。

如图 3-27 所示，在 3×3 和 11×11 窗口下，由 TM1、TM2、TM3、TM4、TM5、TM7、NDVI、EVI、PC1 派生的 3 种纹理特征熵、非相似度和均匀性的 Z 检验统计显著性差异最为明显。沼泽和旱地在通过归一化植被指数计算出的熵纹

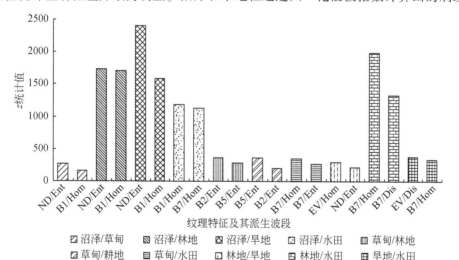

图 3-27　z 检验中两种典型植被类型统计显著性差异较大的纹理特征及其派生波段

ND = 归一化植被指数，EV = 增强植被指数，B1 = TM1 波段，B2 = TM2 波段，

B5 = TM5 波段，B7 = TM7 波段，Ent = 熵，Hom = 均匀性，Dis = 非相似度

理特征上的可分性最高。基于 7 波段派生的均匀性纹理特征可以较好地区分旱地和水田。z 统计值最小的，即最难以区分的植被类型是沼泽和草甸，旱地和水田。根据半方差分析和 z 检验的结果，遴选出 17 个最优窗口大小、纹理特征及其派生波段的组合（忽略重复的特征）作为预测变量纳入到决策树建模中（表 3-8）。

表 3-8 决策树分类中所选用的派生波段、纹理特征及窗口大小

待区分的典型地物类型	派生波段	纹理特征	窗口大小
沼泽/草甸	NDVI	熵	11×11
沼泽/草甸	Band 1	均匀性	3×3, 11×11
沼泽/林地	NDVI	熵	3×3, 11×11
沼泽/林地	Band 1	均匀性	3×3, 11×11
沼泽/旱地	NDVI	熵	11×11
沼泽/旱地	Band 1	均匀性	3×3, 11×11
沼泽/水田	Band 1	均匀性	11×11
沼泽/水田	Band 7	均匀性	11×11
草甸/林地	Band 2	熵	3×3, 11×11
草甸/林地	Band 5	熵	3×3, 11×11
草甸/旱地	Band 5	熵	11×11
草甸/旱地	Band 2	熵	3×3, 11×11
草甸/水田	Band 7	均匀性	11×11
草甸/水田	Band 7	熵	11×11
林地/旱地	EVI	均匀性	3×3, 11×11
林地/旱地	NDVI	熵	3×3, 11×11
林地/水田	Band 7	均匀性	3×3, 11×11
林地/水田	Band 7	非相似度	3×3, 11×11
旱地/水田	EVI	非相似度	11×11
旱地/水田	Band 7	均匀性	3×3, 11×11

3) 地学辅助特征的选取

已有研究表明，三江平原不同生境的植物物种组合和垂直分异差别明显，随着地势降低，水分增多，乔木、灌木、草甸植物和水生草本植物在特定的空间依次出现（汲玉河等，2006）。本书引入 1：50 000 比例尺的数字高程模型和地形

中国东北典型沼泽湿地自然保护区遥感监测

坡度因子作为预测变量。将矢量化的等高线通过 ArcGIS 9.1 的克里金插值生成分辨率为 30m 的数字高程模型。从数字高程模型上得到的高程值和坡度百分比被作为地学辅助预测变量以反映地形坡度对土壤排水条件、湿度和水文条件的影响及其对湿地植被群落分布的制约。同时，三江平原沼泽的分布既受地貌条件的控制也受到土壤性质的影响。不同的地貌部位，水分条件、水源补给、相对高度及地面坡度等条件不同，分布着不同的植被类型；不同的土壤类型理化性质不同，土壤的容重、持水性和透水性不一致，沼泽植被出现的概率也不同。本书将三江平原矢量化后的地貌图与土壤图转换为具有属性的栅格数据，将其作为预测变量，以提高沼泽湿地分类的精度。研究区地貌类型和土壤类型的分类体系见表 3-9。

表 3-9　研究区地貌和土壤类型

代码	地貌类型	代码	土壤类型	代码	土壤类型
1	河湖	1	山地棕壤	15	腐泥质沼泽土
2	沼泽洼地	2	砂质棕壤	16	泥炭腐殖质沼泽土
3	古河道洼地	3	草甸棕壤	17	泥炭沼泽土
4	低河漫滩	4	黑土	18	泥炭土
5	高河漫滩	5	草甸黑土	19	泛滥地沼泽土
6	河流低阶地	6	白浆土	20	潜育草甸土+腐泥沼泽土
7	河流高阶地	7	草甸白浆土	21	草甸土+草甸沼泽土
8	冲积洪积平原	8	潜育白浆土	22	潜育草甸土+草甸沼泽土
9	微高地	9	草甸土		
10	洪积台地	10	潜育草甸土		
11	侵蚀剥蚀台地	11	白浆化草甸土		
12	熔岩丘陵	12	盐化草甸土		
13	侵蚀剥蚀丘陵	13	潜育盐化草甸土		
14	侵蚀剥蚀山地	14	草甸沼泽土		

3.3.3　基于决策树技术的湿地遥感分类

3.3.3.1　基于分类回归树的湿地遥感分类

1）机器学习

分别选取水域、居民地、旱地、水田、草甸、沼泽和林地七大类型共 50 627

个训练样本，提取样本点的各种光谱、纹理、地学辅助特征（测试变量）及其对应的土地覆盖类型（目标变量），采用斯坦福大学的 CART 软件进行机器学习。共采用以下 30 个测试变量：TM 影像的 6 个波段灰度值（TM1、TM2、TM3、TM4、TM5、TM7），2 个植被指数（NDVI、EVI），主成分变换的第一分量（PC1），17 个遴选的纹理特征组合（表 3-8），2 个地形因子（DEM，Slope），土壤因子（Soil）和地貌因子（Landform）。测试变量中土壤因子和地貌因子为离散变量（取值见表 3-9），其余测试变量均为连续变量。目标变量为旱地、林地、草甸、水域、居民地、沼泽和水田。

为了评价影像的纹理特征和地学辅助特征能在多大程度上提高湿地的分类精度，本书基于同样的训练样本分别建立三种决策树模型：①仅根据 TM 影像的光谱特征（TM-only）（预测变量包括 TM1、TM2、TM3、TM4、TM5、TM7，NDVI，EVI 和 PC1）；②综合 TM 影像的光谱特征和纹理特征（TM+TXT）（TM1、TM2、TM3、TM4、TM5、TM7，NDVI，EVI 和 PC1，经过半方差分析和 Z 检验遴选的 17 个纹理特征）；③兼容 TM 影像的光谱特征、纹理特征和地学辅助信息（TM+TXT+GIS）［包括①和②中的光谱特征和遴选的纹理特征、地形因子（DEM、Slope）、地貌（Landform）和土壤（Soil）等地学辅助变量］。

2）决策树的剪枝

按照上述过程生成的完整决策树往往会出现"过度拟和"的现象，这是因为完整的决策树结构对训练样本特征的描述"过于精确"，包含了噪声信息，失去了一般代表性而无法对新数据进行准确分类，因此有必要对树的结构进行修剪。CART 算法采用交叉验证的方法进行修剪，即对某个树枝的所有叶节点增加一个惩罚因子，如果该树枝仍然能够保持低错误率，则说明它是强者，予以保留；否则它是弱者，给予剪除。最终的分析结果是一棵兼顾复杂度和错误率的最优二叉树。如图 3-28 所示，最初生成的决策树有 165 个节点，可调误差率为 0.022，按可调误差率低于 0.05 为阈值对决策树进行剪枝，生成的决策树有 15 个节点，可调误差率为 0.045。

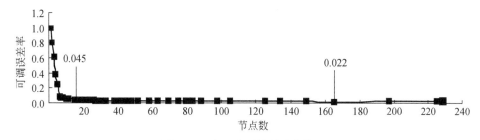

图 3-28　交叉验证的误差曲线图

3）决策规则的建立

三种决策树模型经过剪枝后的决策树结构如图 3-29 所示，基于 CART 算法建立的决策树结构是由一系列二分点定义的，每条途径都对应了一个最可能归属类别的判断条件。这棵树可以看作一系列可以用来对未知值进行分类的规则。

采用 ERDAS IMAGINE 8.7 软件 Classification 模块中的 Knowledge Engineer 功能，根据图 3-29 的三种决策树结构所表示的决策规则，对研究区 2006 年的一景影像（轨道号 113/27）进行分类。得到基于不同决策树模型的三幅/利用土地覆盖图。根据前人的研究结果，基于 Landsat TM 影像的湿地遥感制图能识别出的最小斑块面积为 $0.8 \sim 1 \mathrm{hm}^2$。将分类后的土地利用/土地覆盖图的最小斑块重采样为 9 个像素（约 0.8hm），以避免出现"椒盐现象"。

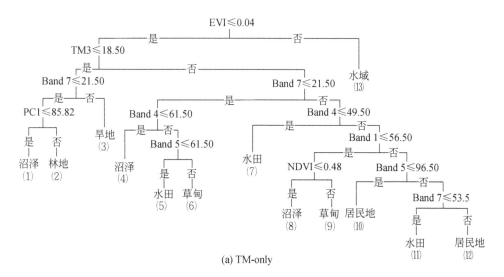

(a) TM-only

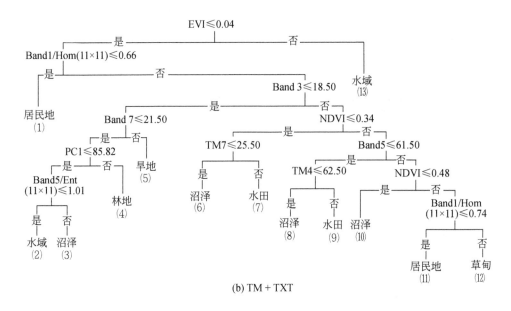

(b) TM + TXT

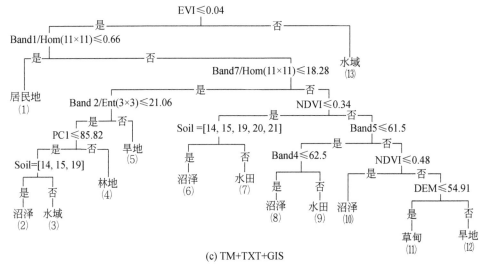

(c) TM+TXT+GIS

图 3-29　基于 CART 算法的决策树结构

4）分类结果与精度检验

我们分别于 2007 年 5 月和 8 月对研究区进行了两次野外调查，在研究区选取了 609 个测试样本（均不属于训练样本），用 GPS 定位记录植被类型用于分类后的精度验证。根据同样的训练样本，采用 MLC 对研究区 TM 影像进行监督分类。基于误差混淆矩阵预测错分误差、漏分误差和总误差，采用分层随机采样的方法计算 Kappa 系数及其方差。通过 z 检验方法，对比三种决策树模型与 MLC 的分类结果，判别分类精度是否有显著的提高。并分别对比三种决策树模型，增加预测变量后分类精度是否有显著的提高。

A. 基于分类混淆矩阵的精度对比

采用野外实测样本计算 MLC 分类结果与三种基于 CART 算法的决策树模型分类结果的误差混淆矩阵，各种分类方法的错分误差和漏分误差对比如表 3-10 和图 3-30 所示。与 MLC 分类法相比，三种决策树模型明显提高了分类精度，总体错分误差率显著降低；与 MLC 分类结果相比，旱地、林地、草甸、沼泽、居民地的漏分误差和错分误差均明显降低；在三种决策树模型内部，增加预测变量会降低分类误差［图 3-30 (a)］。增加纹理特征有效地抑制了草甸和沼泽的漏分误差。草甸的漏分误差由 27.1% 降低到 12.3%，而沼泽的漏分误差由 25.8% 降低到 19.7%；增加地学辅助特征后，草甸和沼泽的漏分误差分别降为 11.5% 和 19.7%，同时，草甸和沼泽的错分误差依然保持在较低的水平（分别为 16.7% 和 18.1%）（表 3-10）。

表 3-10　MLC 与三种 CART 模型分类结果误差

类型	漏分误差/%				错分误差/%			
	MLC	TM	TM+TXT	TM+TXT+GIS	MLC	TM	TM+TXT	TM+TXT +GIS
旱地	2.1	2.3	2.1	0.0	15.3	12.5	10.5	14.3
林地	27.9	17.3	11.6	11.6	3.1	5.8	7.3	7.3
草甸	27.1	20.0	12.3	11.5	23.1	19.8	18.6	16.7
水域	8.8	5.6	13.2	13.2	0.0	0.0	0.0	0.0
居民地	13.7	8.3	8.2	12.3	23.2	9.6	8.3	7.3
沼泽	25.8	22.2	19.7	17.2	33.7	20.4	18.7	18.1
水田	8.3	10.7	11.3	11.3	6.3	5.2	5.5	5.5
总误差(%)	16.4	12.5	11.2	10.8	—	—	—	—

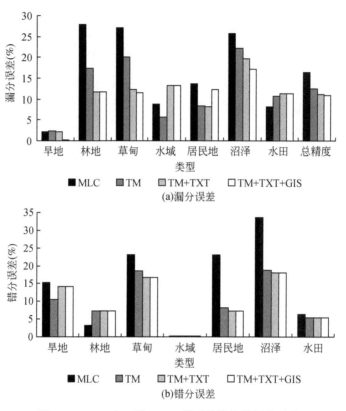

图 3-30　MLC 与三种 CART 模型分类结果误差对比

B. 基于 Z 检验方法的精度对比

采用 Congalton 和 Green 提出的 Z 检验方法对 MLC 分类结果与三种 CART 模型分类结果的精度在统计上是否有显著的差异。Z 统计值的计算公式如下：

$$Z = \frac{|\kappa_1 - \kappa_2|}{\sqrt{\sigma_1^2 + \sigma_2^2}} \qquad (3-23)$$

式中，κ_1 和 κ_2 分别为两种不同算法分类精度的 Kappa 系数值；σ_1 和 σ_2 分别为各自 Kappa 系数值的标准误差。Kappa 系数的显著性检验（Z 检验）结果见表 3-11，与 MLC 分类方法相比，三种 CART 模型的 Kappa 系数均有显著提高（p< 0.01）。与 TM-only CART 模型相比，增加影像的纹理特征（TM+TXT），Kappa 系数并未显著提高，而兼容影像的光谱特征、纹理特征和地学辅助数据的 CART 模型（TM+TXT+ GIS），Kappa 系数有显著提高（$p<0.1$）。在增加纹理特征和地

学辅助数据后的 TM+TXT+GIS 的 CART 模型中，沼泽湿地的分类者精度达到 82.8%，使用者精度为 81.9%（表 3-11）。

表 3-11　MLC 与三种 CART 模型分类结果 Kappa 系数的 Z 检验显著性差异

模型	Kappa 系数		Kappa 系数差异的 Z 统计结果		
	Kappa	标准误差	TM	TM + TXT	TM+TXT+GIS
MLC	0.8078	1.757E-02	2.6615**	2.8481**	4.2890**
TM	0.8692	1.495E-02	—	0.1858	1.6429*
TM+TXT	0.8731	1.473E-02	—	—	1.4590
TM+TXT+GIS	0.8981	1.314E-02	—	—	—

＊在显著性水平为 0.1 时 Kappa 系数存在显著差异；＊＊显著性水平为 0.01 时 Kappa 系数存在显著差异

C. 湿地制图精度对比

图 3-31 为洪河保护区北部约 1000km² 的范围内，MLC 的分类结果与 TM+TXT+GIS CART 的分类结果的对比。从图 3-31（a）中可以看出，MLC 的分类结果包含较多的斑点噪声，分类结果比较破碎，有明显的其他地类被误分成居民地［图 3-31（a）中的红色区域］。在图 3-31（a）的左侧，鸭绿河下游区域许多沼泽湿地类型被误分成明水面。除此之外，图 3-31（a）的东南角也存在明显的草甸和旱地的混分现象。存在以上问题的原因是 MLC 分类仅依赖于遥感影像的光谱特征进行分类，当地物类型的光谱特征相似时，就会出现较为严重的误分现象。TM+TXT+GIS CART 模型的分类结果如图 3-31（b）所示，该模型将纹理特征纳入到决策规则中［图 3-29（c）］，从而在一定程度上抑制了斑点噪声，并且降低了居民地的错分概率。该模型将地学辅助变量土壤类型和高程变量集成到树结构中，土壤类型变量削弱了沼泽湿地和明水面的混分现象；高程变量则抑制了草甸和旱地的混分现象。

3.3.3.2　基于随机森林的湿地遥感分类

1）机器学习

随机森林是一系列树结构分类器的集合，其中元分类器 $h(x, \beta_k)$ 为用 CART

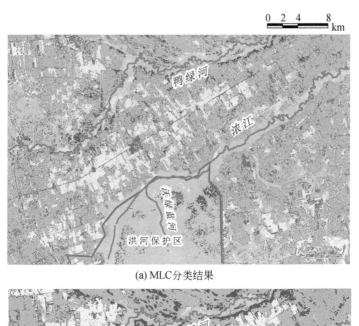

(a) MLC分类结果

(b) TM+TXT+GISCART分类结果

—— 河流　▨ 旱地　▢ 水田　▨ 水域　▨ 林地　▨ 居民地　▨ 沼泽　▨ 草甸

图 3-31　局部研究区分类结果对比

算法构建的没有剪枝的分类回归树；x 为输入向量；β_k 为独立同分布的随机向量，决定了单棵树的生长过程；森林的输出采用简单多数投票法（针对分类）或单棵树输出结果的简单平均（针对回归）得到。通过水域、居民地、旱地、水田、草甸、沼泽和林地七大类型已选取的 50 627 个训练样本，提取样本点的各种光谱、纹理、地学辅助特征（共 30 个测试变量）及其对应的土地覆盖类型（目标变量），采用随机森林的 R 语言程辑包件进行机器学习。30 个测试变量包括：TM 影像的 6 个波段灰度值（TM1、TM2、TM3、TM4、TM5、TM7），2 个植被指数（NDVI、EVI），主成分变换的第一分量（PC1），17 个遴选的纹理特征组合（表 3-8），2 个地形因子（DEM, Slope），土壤因子（Soil）和地貌因子（Landform）。测试变量中土壤因子和地貌因子为离散变量（取值见表 3-9），其余测试变量均为连续变量。目标变量为旱地、林地、草甸、水域、居民地、沼泽和水田。

2）随机森林的生成

随机森林是通过自助法重采样技术，生成很多个树分类器。其步骤如下：自助法是从原始的样本容量为 N 的训练样本集合中随机抽取 $2N/3$ 个样本生成新的训练样本集，抽样方法为有放回抽样，这样重新采样的数据集不可避免地存在着重复的样本。独立抽样 k 次，生成 k 个相互独立的自助样本集。

每个自助样本集生长为单棵分类树。在树的每个节点处，从 M 个特征中随机挑选 m 个特征（$m<<M$）。按照节点不纯度最小的原则从这 m 个特征中选出一个特征进行分支生长。这棵分类树进行充分生长，使每个节点的不纯度达到最小，不进行通常的剪枝操作。随机森林通过在每个节点处随机选择特征进行分支，最小化了各棵分类树之间的相关性，提高了分类精确性。因为每棵树的生长很快，所以随机森林的分类速度很快，并且很容易实现并行化。随机森林根据生成的多个树分类器对新的数据进行预测，分类结果按每个树分类器的投票多少而定。每次抽样生成自助样本集，全体样本中不在自助样本中的剩余样本称为 OOB 数据，每次抽样后大约剩余 1/3 的样本，被用来预测分类正确率，每次的预测结果进行汇总来得到错误率的 OOB 估计，用于评估组合分类器的正确率。由于每次抽样所留下的 OOB 样本均不相同，因此在整个随机森林的计算过程中，每一个样本可能会多次被分入 OOB 样本，从而得到多个分类结果。把这些预测值进行汇总投票，即可得到该样本的最佳分类结果。将这个结果和实际类别相比较，就可以得到随机森林算法分类误差的估计。

随机森林的生成需要指定节点分裂的特征数目 m 和森林的规模。试验分别选取 1~6（30 个特征变量的平方根）个节点分裂的特征数目来建立 20~30 个树构成随机森林，根据预测的 OOB 误差来选择最优的特征数目。由表 3-12 可知，在本书中选取 30 个测试变量构建随机森林，在树的每个节点处随机挑选 4 个特征，按照节点不纯度最小的原则从这 4 个特征中选出一个特征进行分支生长。图 3-32 表示了 OOB 预测误差随着树的个数增加而变化的趋势。随着随机森林中分类树数目的增加，OOB 错误率随之减少，试验当树的个数达到 200 以上时，OOB 预测误差趋于稳定。为节省学习与预测时间，并保持相对较高的精度，将节点分裂的特征数目设为 4，树的个数设为 200 来建立随机森林模型。

中国东北典型沼泽湿地自然保护区遥感监测

表 3-12　节点分裂特征数目选择的 OOB 精度预测

分裂特征数目	树的个数									
	3	6	9	12	15	18	21	24	27	30
1	70.09	86.28	91.96	94.66	96.05	96.53	97.21	97.63	97.87	98.07
2	74.01	90.37	95.46	97.30	97.98	98.37	98.53	98.67	98.80	98.91
3	74.89	91.59	96.27	97.78	98.40	98.66	98.86	98.94	98.96	98.99
4	75.32	**92.04**	96.48	97.97	**98.57**	**98.81**	**98.91**	**98.98**	**99.06**	**99.10**
5	75.73	92.03	**96.62**	**97.99**	98.51	98.74	98.81	98.83	98.91	98.97
6	**75.89**	91.90	96.59	97.92	98.46	98.69	98.76	98.84	98.91	98.97

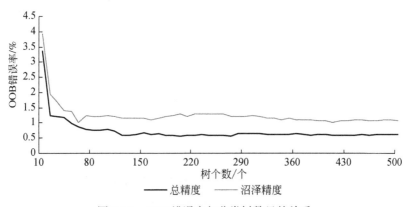

图 3-32　OOB 错误率与分类树数目的关系

由表 3-13 可知，Kappa 系数为 0.9919。其中水域和林地的精度较高，其制图精度和用户精度均达到99.7%以上；草甸的精度最低，其制图精度不及98.4%，从混淆矩阵上看，草甸与旱地、沼泽和水田均有较严重的混分现象，影响了草甸的机器学习精度。统计随机森林模型各测试变量的重要性如图3-33所示。图3-33显示了随机森林模型中重要性得分最高的前15个测试变量及其重要性得分。可见，30个测试变量中地学辅助特征、光谱特征和纹理特征均被纳入到该模型的OOB误差混淆矩阵见表3-13。随机森林的OOB总精度较高，达到99.3%。地学辅助特征高程、坡度、地貌和土壤等特征的重要性最高，其次是单波段光谱特征和植被指数特征，如5波段（Band 5）、2波段（Band 2）、EVI等，再次是各种纹理特征，如11×11窗口归一化植被指数熵纹理（NDVI Ent 11×11）和11×11窗口2波段熵纹理等（Band2 Ent 11×11）等。Lawrence等研究表明随机森林的OOB精度评价结果与独立的测试样本的精度评价相似，有可能不需要通过实测的样本对分类精度进行验证。但为了验证随机森林算法在湿地遥感分类的有效性，本书选取了野外实测GPS数据对分类结果进行精度验证，并对模型的稳定性进行定量评估。

表3-13　基于随机森林方法的小三江平原OOB训练精度评价结果

类型	旱地	林地	草甸	水域	居民地	沼泽	水田	总和	制图精度/%
旱地	10 974	13	24	3	11	27	10	11 062	99.2
林地	3	7 986	5	0	0	6	1	8 001	99.8
草甸	19	7	7 302	3	7	50	39	7 427	98.3
水域	4	0	1	6 300	0	0	0	6 305	99.9
居民地	0	0	0	2	2 233	3	6	2 244	99.5
沼泽	3	2	20	4	2	8 190	6	8 227	99.6
水田	7	0	11	5	6	5	7 327	7 361	99.5
总和	11 010	8 008	7 363	6 317	2 259	8 281	7 389	50 627	99.2
用户精度（%）	99.7	99.7	99.2	99.7	98.9	98.9	99.2	—	—

总精度 = 99.3%　　Kappa = 0.991 9

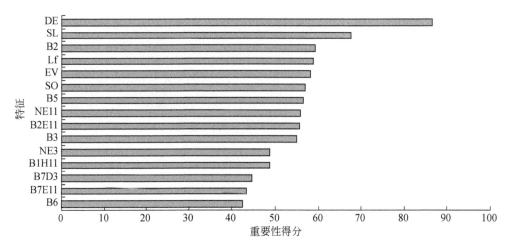

图 3-33　随机森林中测试变量的重要性得分

DE＝数字高程模型，SL＝坡度，B2＝2 波段，Lf＝地貌，EV＝增强植被指数，SO＝土壤，B5＝5 波段，
NE11＝11×11 窗口归一化植被指数熵纹理，B2E11＝11×11 窗口 2 波段熵纹理，B3＝3 波段，NE3＝3×3 窗
口归一化植被指数熵纹理，B1H11＝11×11 窗口 1 波段均匀性纹理，B7D3＝3×3 窗口 7 波段非相似度纹理，
B7E11＝11×11 窗口 7 波段熵纹理，B6＝7 波段

中国东北典型沼泽湿地自然保护区遥感监测

3）分类结果与精度检验

A. 基于分类混淆矩阵的精度对比

基于建立的随机森林模型，对 2006 年影像所有像元的光谱特征、纹理特征和地学辅助特征 30 个变量构成的高维矩阵进行预测，得到 2006 年小三江平原的土地利用/覆盖分类图，如图 3-34 所示。基于同样的 2007 年的 609 个野外实地测试样本，对分类结果进行精度验证，计算分类混淆矩阵和 Kappa 系数（表 3-14），并与 MLC 及兼容纹理、光谱及地学辅助特征的 CART 模型进行分类精度显著性差异的对比。最后通过改变训练样本的大小及引入训练样本噪音来对比不同分类方法的稳定性。遴选精度最高，稳定性最好的方法用于小三江平原近 30 年内湿地景观动态变化过程的研究。

由表 3-15 可知，基于随机森林方法和野外实测样本检验的小三江平原土地利用/覆盖分类总精度为 90.9%，Kappa 系数为 0.8943，略高于 CART 算法（TM＋TXT＋GIS）的总精度（89.2%）和 Kappa 系数（0.8731）。随机森林与本书上述机

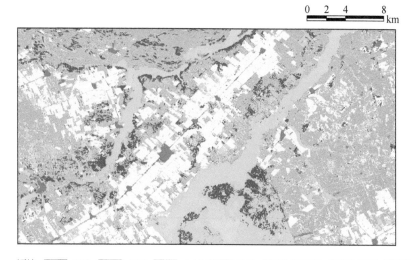

———— 河流 ▨ 旱地 □ 水田 ▨ 水域 ■ 林地 ▨ 居民地 ▨ 沼泽 ▨ 草甸

图 3-34 基于随机森林方法的小三江平原局部地区土地利用/覆盖分类结果

表 3-14 基于随机森林方法的小三江平原实测样本精度评价结

类型	旱地	林地	草甸	水域	居民地	沼泽	水田	总和	制图精度（%）
旱地	95	3	0	0	5	2	1	106	89.6
林地	0	78	4	0	0	0	0	82	95.1
草甸	1	4	85	0	1	19	1	111	76.6
水域	0	0	0	66	0	0	0	66	100.0
居民地	0	0	0	1	66	0	0	67	98.5
沼泽	0	0	3	1	1	72	3	80	90.0
水田	0	1	4	0	0	0	92	97	94.9
总和	96	86	96	68	73	93	97	609	——
用户精度（%）	99.0	90.7	88.5	97.1	90.4	77.4	94.9	——	——
总精度 = 90.9%　　Kappa = 0.8943									

器学习算法的分类精度对比统计见表 3-15 与图 3-35。由表 3-15 和图 3-35 可知，基于随机森林方法的土地利用/覆盖分类结果，其测试精度和训练精度均优于 CART 算法和 MLC 的分类精度；而且基于随机森林算法提取沼泽和草甸的训练精度和测试精度也均高于 CART 算法和 MLC 的分类精度。

表 3-15　Random Forest 与其他机器学习算法的分类精度对比

类型	漏分误差（%）			错分误差（%）		
	MLC	CART（TM+ TXT+GIS）	Random Forest	MLC	CART（TM+ TXT+GIS）	Random Forest
旱地	2.1	0.0	10.4	15.3	14.3	1.0
林地	27.9	11.6	4.9	3.1	7.3	9.3
草甸	27.1	11.5	23.4	23.1	16.7	11.5
水域	8.8	13.2	0.0	0.0	0.0	2.9
居民地	13.7	12.3	1.5	23.2	7.3	9.6
沼泽	25.8	17.2	10.0	33.7	18.1	22.6
水田	8.3	11.3	5.2	6.3	5.5	5.2
总误差（%）	16.4	10.8	9.0	—	—	—

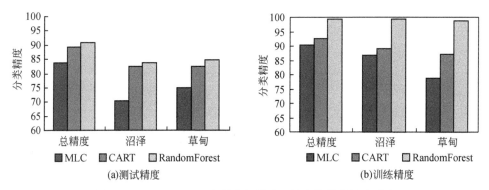

图 3-35　RandomForest 与其他机器学习算法的分类精度对比

B. 减少训练样本数目对分类结果的影响

在区域尺度的土地利用制图中，训练样本的大小会影响各种机器学习算法的分类精度。训练样本数量应尽可能少，以节省采样的成本和训练时间，同时还要具有足够的代表性以满足分类精度的要求（Rogan et al.，2003）。本书以分类精度为指标，检验训练样本大小对三种机器学习方法（MLC、CART 和 RandomForest）的影响程度，来评价算法的稳定性。训练样本被分别随机减少 25%（12 656 个）和 50%（25 312 个）。精度评价结果如图 3-36 所示。训练样本减少后，三种机器学习算法的分类精度均显著降低。训练样本减少 25%，MLC 和 CART 算法的分类精度分别降低 26% 和 14%；当训练样本减少 50%，两种算法的分类精度分别降低 56% 和 36%。RandomForest 的分类精度对训练样本数量的减少最不敏感，训练样本减少 25% 和 50% 后，其精度分别降低 11% 和 33%。

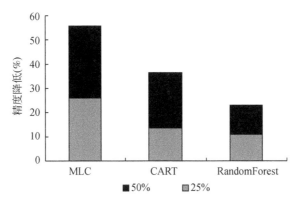

图 3-36　减少训练样本对分类总精度的影响

C. 训练样本噪声对分类结果的影响

在区域尺度的土地利用制图中，来源不同的训练样本往往存在类型的错误判断或缺失，即训练样本中可能会存在噪声而对分类精度造成一定程度的影响。Brodley 和 Friedl 研究表明，CART 算法能够容忍噪声。本书定量检验三种不同的机器学习算法对于训练样本中噪声的容忍能力。按等比例的原则，随机将七种土地覆盖类型训练样本分别错判 10%、30% 和 50%，来模拟噪声。精度评价的结果如图 3-37 所示。

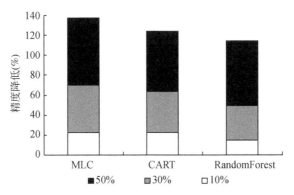

图 3-37　训练样本中的噪声对分类总精度的影响

在训练样本中引入噪声后，三种机器学习算法的分类精度均显著降低。噪声增加 10%，分类精度分别下降 22%（MLC），23%（CART）和 15%（RandomForest）；噪声增加 30% 后，CART 算法分类精度下降 41%，而 RandomForest 算法分类精度降低 34%；噪声增加 50% 后，三种机器学习算法的精度均下降 60% 以上。可见，与 MLC 和 CART 算法相比 RandomForest 算法对噪声的容忍能力最强。

3.3.4 湿地景观遥感分类精度讨论

湿地是重要的自然资源和生态系统，为了有效地管理和保护日益稀缺的湿地资源，迫切需要采用有效的方法及时、准确地对湿地及其周围的土地利用类型进行制图与监测。本章以三江平原东北部为例，探讨了我国典型淡水沼泽湿地信息的提取方法。利用 TM 影像数据，基于半方差分析和 Z 检验方法对比分析了研究区典型地物不同尺度的各种纹理特征，从而遴选最优的窗口大小、纹理特征及其派生波段以提高地物之间的可分性。采用 CART 和 RandomForest 算法集成遥感影像的光谱特征、遴选的纹理特征和地学辅助数据建立研究区湿地信息提取的决策树模型。基于实测的 GPS 样本点采用混淆矩阵的方法对三种模型的分类结果进行精度验证，并与 MLC 的分类结果进行对比。研究结果表明：

（1）基于 CART 和 RandomForest 的决策树分类方法均较传统的 MLC 的分类精度有了显著的提高，而且该方法实现简单，运行速度快，对输入的数据没有任何统计分布的要求，输入的数据既可以是连续的变量也可以是离散的变量，特别适宜于兼容高维数据（如光谱特征、纹理特征及地学辅助数据）。由于两个随机性的引入，使 RandomForest 算法不容易陷入过度拟合，具有很好的抗噪声能力。与 CART 算法相比，对训练样本的变化不敏感，对噪声的容忍能力更强，具有更高的分类精度和稳定性，而且可以快速、有效地从高维数据中发现分类规则，是区域内陆淡水沼泽湿地信息提取的有效手段。

（2）随着多源数据维数的增加，决策树分类算法在学习过程中的时间复杂度和空间复杂度将增大，过多的冗余属性不但会增加分类过程复杂度，而且会引起分类的混淆并导致分类精度降低（Lei et al.，2008）。为此本书引入半方差分析和 Z 检验方法约简纹理特征，遴选最优的窗口、最佳的纹理特征及其派生波段组合建立决策规则。通过训练样区典型地物类型（图 3-24）6 个光谱波段（TM1、TM2、TM3、TM4、TM5、TM7）、NDVI、EVI 和 PC1 的半方差图（图 3-26）可以看出 3×3 窗口和 11×11 窗口最适宜于作为本书研究的纹理计算窗口。该结果与前人的地统计纹理分析结果一致。林地植被类型的训练样区半方差分析的变程值为约 3 个像素，这主要是与树冠、树冠群簇和林冠空隙有关；而耕地、沼泽和草甸的变程值约为 11 个像素，主要与植被群落的结构有关。Z 检验结果表明，由 TM1、TM2、TM5、TM7、NDVI 和 EVI 派生的 3 种纹理特征均匀性、非相似度和熵区分典型地物类型的效果最好。如图 3-7 所示，上述特征变量在区别冠层结构较复杂的沼泽群落和岛状林群落与冠层结构相对简单的旱地和水田时具有较高的显著性。

（3）与仅根据光谱特征建立的决策树模型相比（TM-only），仅增加影像的纹理特征（TM+TXT）并未显著提高分类精度评价的 Kappa 系数，而兼容影像的光谱特征、纹理特征和地学辅助数据的决策树模型（TM+TXT+GIS）显著提高了分类精度评价的 Kappa 系数（$p<0.1$）。经过半方差分析和 Z 检验遴选的最优的窗口、最佳的纹理特征及其派生波段组合的纹理特征（如 11×11 窗口下的从第 1 波段和第 7 波段派生出的均匀性纹理特征变量和 3×3 窗口下的从 2 波段派生出的熵纹理特征变量）有效地抑制了斑点噪声，并且降低了居民地的错分概率。同时由图 3-31（b）的分类效果可知，优化后的多尺度纹理特征的引入改善了传统监督分类中斑点较多，地物类型破碎的缺陷，抑制了居民地的错分现象。地学辅助变量土壤类型降低了明水面、沼泽和水田的混分现象，而高程变量有效地抑制了草甸和旱地的混分现象。如图 3-29（c）所示，规则（2）、（3）中引入土壤因子，通过草甸沼泽土（14）、腐泥质沼泽土（15）和泛滥地沼泽土（19）的分布范围区分沼泽和水域；规则（6）、（7）通过草甸沼泽土（14）、腐泥质沼泽土（15）、泛滥地沼泽土（19）、潜育草甸土+腐泥沼泽土（20）和草甸土+草甸沼泽土（21）的分布范围区分沼泽和水田。规则（6）、（7）引入 DEM 数据将高程小于 54.91m 的判别为草甸，将草甸和旱地区分开。由图 3-31（b）的分类效果可见地学辅助数据的引入在一定程度上削弱了沼泽与水域、沼泽与水田及草甸与旱地的混分现象。

（4）本书野外实测的 GPS 点源自 2007 年的野外实测数据，由于 2007 年覆盖研究区的 TM 影像均有云层覆盖，所以遥感实验数据采用的是 2006 年的影像，而且受研究区地物类型复杂的影响，分类精度的分析可能存在一定的偏差。但总体上讲，本书训练样本的选择大体按照地物类型在景观中所占的比例布设，包括 21.8% 的旱地样本、15.8% 的林地样本、14.5% 的草甸样本、12.5% 的明水面样本、4.5% 的居民地样本、16.3% 的沼泽样本和 14.6% 的水田样本。由于研究区为淡水沼泽湿地的集中分布区，RandomForest 不需要在分类时对沼泽湿地进行过采样才能最大限度地降低湿地的漏分误差，因此也就不会带来错分误差过高造成的湿地过多预测现象。

3.4 基于 MODIS-NDVI 时间序列的湿地监测方法

3.4.1 基于 MODIS-NDVI 时间序列的湿地监测研究进展

湿地是地球上水陆相互作用形成的独特生态系统，具有重要的价值和功能。然而，在自然因素与人类高强度干扰的双重胁迫下，湿地面积锐减，湿地生态系统退化。因此，湿地遥感动态监测成为有效管理和保护湿地的重要手段。基于单一时相的 TM、SPOT、IKONOS 和 ERS-1/2 等数据源的湿地遥感监测（张彤，2004；阮仁宗，2005；衣伟宏，2004；Macdnald et al.，1980），虽然空间分辨率较高，但较低的时间分辨率难以满足实时、动态的监测要求。应用这些数据进行湿地植被信息提取时，未能考虑湿地植被光谱的多时相特征，无法解决湿地植被与其他土地利用/覆着类型光谱混合问题，影响分类精度的提高。应用多时相中等分辨率成像光谱仪（MODIS）影像生成的 NDVI 时间序列，能够相当精确地反映植被绿度、光合作用强度、植被代谢强度的季节变化，从而建立每一典型植被类型的光谱特征曲线，这在很大程度上避免了与其他非湿地植被类型的错分问题，提高了湿地植被遥感分类精度。

国外已有研究将 MODIS NDVI 时间序列应用于草地植被分类（Pieter et al.，2006；Geerken et al.，2005；Evans and Geerken，2006；Geerken et al.，2005），但将此方法应用到湿地植被信息提取的研究几乎为空白。Evans 就基于多时相的 MODIS 数据源，建立基于傅里叶组分的波形相似度（FCSM）指数，对叙利亚平原草地植被进行分类。该指数能够削弱分类过程中植被盖度、植被长势及气候条件的差异对分类结果的影响，提高分类精度。在国内，马龙和刘闯（2006）虽应用多时相的 MODIS NDVI 数据提取湿地植被信息，但他们采用 MNF（最小噪音分离变化）技术和非监督分类的方法是基于光谱的统计特性进行分类，不能将 NDVI 时间序列所蕴涵的植被的物候特征与典型植被类型建立联系，这种分类方法只限于提取沼泽和水体。本书将利用 2005 年多时相 MODIS 影像的 NDVI 时间数据，以不同湿地植被类型的物候特征为依据，采用 Evans 提出的基于傅里叶组分相似度指数的监督分类方法，对三江平原典型湿地植被类型进行信息提取研究，并对分类结果进行精度验证。本书的研究能够更为准确地反映湿地植被的生长状况及物候特征，为实时、动态地进行湿地监测提供了一种新的方法。

3.4.2 数据源与数据处理

1）基于 MODIS-NDVI 时间序列对三江平原湿地的监测数据

采用的卫星遥感数据是搭载于 EOS/Terra 卫星上的 MODIS 获取的 250m 分辨率 NDVI 16 天合成的数据（MOD13Q1）。由美国国家航空航天局（National Aeronautics and Space Administration，NASA）的 EOS 数据中心免费提供。所使用的 MODIS 产品数据是 2005 年全年的 23 幅 NDVI 时间序列数据，对应的具体时间是 2005 年 1 月 1 日~2005 年 12 月 18 日。由于三江平原地跨两景 MODIS 影像，采用 Erdas 8.7 软件完成数据的镶嵌，并按研究区边界对其裁切。将影像由地球投影系统（SIN）投影到 Albers 系统。对 23 幅 NDVI 数据进行线性插值生成 45 幅 NDVI 时间序列数据，并进行叠加形成 8 天合成周期的 MODIS-NDVI 时间序列数据，以便于进行后续的傅里叶变换处理。

辅助数据包括 2005 年研究区生长季的中巴资源卫星遥感影像，分辨率为 19.5m×19.5m；1985 年 1∶500 000 比例尺的植被图；用 1∶250 000 的地形分幅数据数字化等高线，并生成研究区 100m 分辨率的 DEM。

2）傅里叶变换去除噪声并提取植被物候特征

NDVI 时间序列数据采集和处理的过程中受到各种因素的干扰，如太阳高度角、观测角度，以及云、水汽、气溶胶等。这些噪声的干扰使 NDVI 曲线的季节变化趋势及其蕴涵的物候特征并不明显，从而无法进行各种趋势分析和信息提取（于信芳和庄大方，2006）。这里采用时间序列的谐波分析（HANTS）来剔除噪声，保留植被的物候特征。谐波分析法通过离散的傅里叶变换把一个复杂的 NDVI 时间序列函数分解成许多不同频率的周期函数（正弦函数、余弦函数），称为谐波函数。与物候有关信息一般存在于频率较低的谐波函数中，而由大气衰减及预处理的误差导致的非周期性噪声都限制在频率较高的谐波函数中。剔除频率较高的谐波函数，将低频谐波函数累加，重构 NDVI 时间序列，可以过滤噪音。至于要保留前多少个低频的谐波函数是由信噪比（信号的均值比噪音的方差）决定的，一般要求信噪比大于 8∶1。经试验，本书选取前 9 个低频的谐波函数重构 NDVI 时间变化曲线，以满足信噪比的要求。去噪前后的波形及分离出的噪声如图 3-38（a）所示。图 3-38（b）表示的是幅度随谐波函数频率的变化。可以观察到前 9 个谐波函数的幅度较大，所以信号能表现原始 NDVI 曲线的整体趋势。图 3-38（b）中所示的权重函数用于过滤噪音。

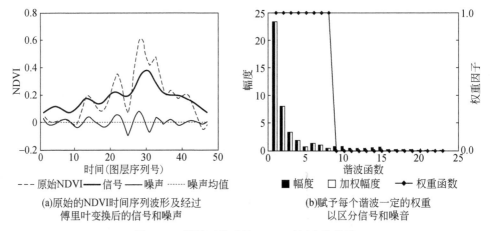

(a)原始的NDVI时间序列波形及经过傅里叶变换后的信号和噪声

(b)赋予每个谐波一定的权重以区分信号和噪音

图 3-38　谐波函数重构 NDVI 时间变化曲线

3.4.3　基于 MODIS-NDVI 时间序列的湿地遥感监测方法

首先要选取各研究区植被类型的参考像素。在缺乏野外采样信息的条件下，将离散傅里叶变换后的前三个谐波函数的幅度数据分别作为红、绿、蓝波段进行彩色合成（图3-39）。这种方法有效地压缩了 NDVI 时间序列的信息，不同的植被类型在影像上以不同的色调表现出来。辅以 2005 年中巴资源卫星影像及 1985 年 1∶500 000 比例尺的植被图作为参考数据，对三江平原的 7 种典型植被类型分别选取 30 个采样点作为监督分类的参考像素。

　　本书采用逐像素计算影像上 NDVI 波形与参考像素 NDVI 波形的相似性的方法来区分植被类型。相似性的度量采用 Evans 提出的 FCSM 指数。任一像素一年 NDVI 的时间序列 f_t 可以用离散的傅里叶变换 E_t 表示。

$$F_t = \sum_{t=0}^{N-1} f_t e^{\frac{-2\pi ikt}{N}} \tag{3-24}$$

式中，t 为 NDVI 的序列号；f_t 为第 t 个时相的 NDVI 值；k 为傅里叶谐波函数的序列号；$F_c(k)$ 和 $F_s(k)$ 分别为傅里叶变换后的实部和虚部。

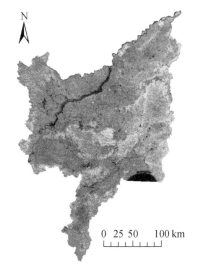

图 3-39　傅里叶谐波函数前三个幅度值的彩色合成影像

　　式（3-24）可写成实部式和虚部式：

$$F_c(k) = \sum_{t=0}^{N-1} f_t \cos\left(\frac{2\pi kt}{N}\right) \tag{3-25}$$

$$F_s(k) = \sum_{t=0}^{N-1} f_t \sin\left(\frac{2\pi kt}{N}\right) \tag{3-26}$$

每个谐波函数的幅度可表示为

$$A_k = \sqrt{F_c^2(k) + F_s^2(k)} \qquad (3-27)$$

相位表示为

$$\phi_k = \arctan\left(\frac{F_c(k)}{F_s(k)}\right) \qquad (3-28)$$

而 FCSM 指数是由相对幅度 α 和相对相位 θ 定义：

$$\alpha_k = \frac{A_k}{A_1} \qquad (3-29)$$

$$\theta_k = \left(\frac{A_k}{A_1}\right) \mathrm{ref}[2 + \cos(k\phi_1 - \phi_k)] \qquad (3-30)$$

由于植被的覆盖度和生长状况的差异会导致同类地物的 NDVI 时间序列傅里叶变换后的幅度发生比例缩放，影响分类精度（Wagenseil and Samimi，2006）。所以 FCSM 指数的建立基于相对幅度见式（3-29），以满足分类指数不受比例缩放的影响。而且在不同的气候条件下，往往同种植被类型的物候周期会产生整体的平移（于信芳和庄大方，2006）。为保证物候周期的前移或推迟不会影响 FCSM 指数，该指数的建立采用相对相位见式（3-30）。式（3-31）中乘 α_k 是为了赋予相对幅度第 k 个谐波函数的权重，加 2 保证计算出的值是正数。可以证明如果 NDVI 的时间序列发生平移，第一个谐波函数的相位变化 ε，那么第 k 个谐波函数的相位则变化 $k\varepsilon$。

$$\begin{aligned}
\theta(\varphi + \varepsilon) &= \left(\frac{A_k}{A_1}\right)_{\mathrm{ref}} [2 + \cos(k(\phi_1 + \varepsilon) - (\phi_k + k\varepsilon))] \\
&= \left(\frac{A_k}{A_1}\right)_{\mathrm{ref}} [2 + \cos(k\phi_1 + k\varepsilon - \phi_k - k\varepsilon)] \\
&= \left(\frac{A_k}{A_1}\right)_{\mathrm{ref}} [2 + \cos(k\phi_1 - \phi_k)] = \theta_k(\varphi) \qquad (3-31)
\end{aligned}$$

NDVI 时间序列的波形的相对幅度和相对相位的取值范围为 $0 \leqslant \alpha_k \leqslant 1$，$0 \leqslant \theta_k \leqslant 3$。赋予相对幅度和相对相位相似的权重，建立了相似度指数 FCSM：

$$\mathrm{FCSM} = 3\sqrt{\sum_{k=1}^{m} (\alpha_k^{\mathrm{ref}} - \alpha_k)^2} + \sqrt{\sum_{k=1}^{m} (\theta_k^{\mathrm{ref}} - \theta_k)^2} \qquad (3-32)$$

当参考像素的波形与待分像素的波形一致时，FCSM 指数为 0。为满足信噪比的要求，应用前 9 个谐波函数重建 NDVI 时间序列，以剔除高频噪音，m 取 9。

3.4.4 基于 MODIS-NDVI 时间序列的湿地遥感分类

分类前，首先要验证不同植被类型的 NDVI 时间序列的波形存在显著的差异。根据所选取的参考像素，做出三江平原典型植被类型的 NDVI 时间变化曲线（表3-16），表3-16 中时间序列号 1～45 是对 NDVI 时间序列插值之后的图层序

表3-16 参考像素的 NDVI 波形的特征

特征	参考像素 NDVI 时间变化曲线	特征	参考像素 NDVI 时间变化曲线
类型1 林地 包括针叶林、阔叶林、混交林、灌木林地 植被有较长的生长期，绿度最大值出现时间较早，持续时间较长		类型5 沼泽化草甸a 包括水冬瓜灌丛型沼泽化草甸、小叶樟禾草型沼泽化草甸，波形与沼泽植被相似，4月下旬萌发，5月长叶，7月抽穗，8月成熟	
类型2 旱地 包括大豆、玉米等农作物植被生长季较短，绿度最大值持续时间短		类型6 滩地 发育在河流滩地，沼泽植被在8月上旬被季节性洪水淹没，导致 NDVI 出现极小值	
类型3 水田 5月下旬灌水，7月上旬封垄。这段时间的波形与旱地表现出差异。封垄时绿度达到峰值		类型7 灌木 位于林地的边缘。包括柴桦、柳叶绣线菊、沼柳等。生长季比林地短但长于其他植被类型	
类型4 沼泽 包括莎草沼泽、禾草沼泽 杂类草沼泽 5月初萌发，6月初长叶， 7月开花，8月成熟			

列号。通过观察可以发现不同植被类型的 NDVI 时间变化曲线能够反映出该植被的物候特征：林地与其他植被类型相比有最长的生长季，并且绿度在较长的时间段内保持较高的值；而水田和旱地绿度保持较高值的持续时间较短；湿地植被的生长季介于旱地和林地之间，滩地与沼泽植被由于季节性被水淹没而 NDVI 曲线表现出特殊的双峰形；沼泽化草甸与沼泽植被相比，其生长季开始的时期有一定的滞后（张树清和陈春，1999）。为进一步验证不同植被类型物候差异的显著性，分别对 7 种植被类型 30 个参考像素点的波形进行离散的傅里叶变换，对傅里叶组分的分布进行统计分析，并用盒须图（图 3-40）将其差异可视化的表现出来，验证其可分性。其中盒子的范围表示的是傅里叶参数的均值±一个标准差，因此它反映了植被类型内部的差异。显然，如果类别间傅里叶组分的差异大于类内的差异，则分类的效果较好。由图 3-40 可以看出，尽管林地的类内差异较大，但它与其他植被类型的类间差异更加显著，因此这种方法能够有效地提取林地的分布。旱地和水田、灌木和沼泽在幅度的统计图上都表现出明显的类间差异，而且其类内差异很小，表现出较好的可分性。而沼泽化草甸和水田在幅度和相位的统计图上表现出很大的相似性，其可分性不高。对每种植被类型的 30 个参考像素取均值±一个标准差范围内的样本点的平均值作为监督分类的样本值组成时间序列。这种方法首先剔除了参考像素选取时局部的异常值然后取平均，更能代表整个研究区该植被类型的物候特征。其次将处理后的时间序列按研究方法中所述进

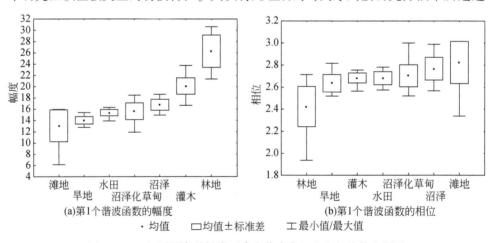

图 3-40　三江平原各植被类型参考像素点幅度和相位的盒须图

行去噪并计算 FCSM 指数（图 3-41）。

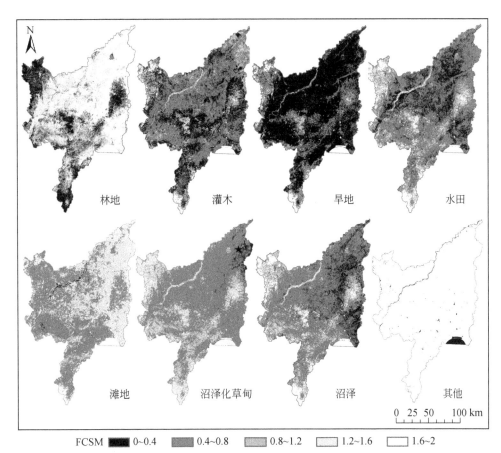

FCSM ▇ 0~0.4　▨ 0.4~0.8　▨ 0.8~1.2　▨ 1.2~1.6　▢ 1.6~2

图 3-41　三江平原各植被类型的 FCSM 指数图

　　FCSM 指数越小，该像素属于参考像素植被类型的可能性越大，将 FCSM 指数小于 0.4 的像元划分为该植被类型。另外，影像中还有一部分参考像素的 NDVI 时间序列曲线与表 3-16 中列出的 7 种参考像素的 NDVI 时间序列均不相似（FCSM>1.6），没有表现出植被 NDVI 波动特征，这部分像素归为其他类型，主要包括湖泊、河流及居民地。分类的结果中存在类型重叠问题，这是由于 MODIS 影像 250m 分辨率的像素中存在多种植被类型的混合像元，对重叠区域以 FCSM 指数最低的参考像素作为该像元的植被类型。将区分出的 7 种类型相叠加，受季节性洪水淹没的滩地在制图中归并到沼泽湿地类型，制成三江平原 2005 年的植被分布图（图3-42）。根据湿地植被在物候特征上表现出的差异将三江平原的湿地植被分为沼泽植被和沼泽化草甸。沼泽植被群落位于常年积水生境，地势低洼，常年有浅层积水。而沼泽化草甸则位于岛状林与积水洼地的过渡地区，群落以草本植物为主（陈宜瑜，1995）。在图3-42中将其他类型中的居民地剔除保留湖泊和水域，并与人工湿地水田相叠加，制成三江平原湿地分布图（图3-43）并统计出各湿地植被类型的面积（表3-17）。

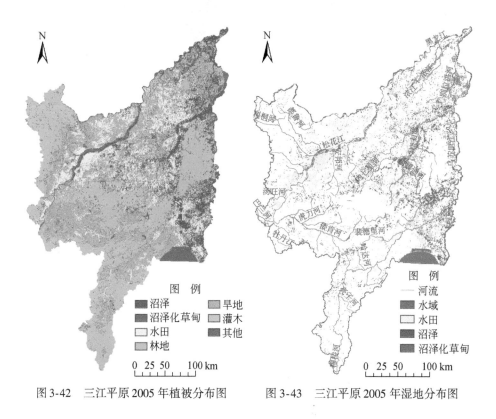

图3-42　三江平原2005年植被分布图　　图3-43　三江平原2005年湿地分布图

表3-17　三江平原湿地类型面积统计

湿地类型	面积（km²）	所占比例（%）
沼泽	6 420.56	5.90
沼泽化草甸	2 224.87	2.04
水田	13 616.19	12.51
水域	2 267.37	2.08
三江平原	108 829.49	湿地比例：22.53

3.4.5 湿地遥感分类精度讨论

1) 分类结果的验证

目前,分类精度检验的常用方法包括实地调查和采用高分辨率影像两种方法。考虑到研究区面积较大,大量的实地调查难以实现,因此利用2005年生长季的中巴资源卫星影像结合1985年植被图验证植被分类的结果。将获取的中巴资源卫星影像用1:5万地形图进行校正,转换投影使之与MODIS影像当前的投影方式(Albers)一致。我们在整个研究区均匀地选择了182个样点,用中巴资源卫星影像结合植被图逐个验证。验证结果的误差分类混淆矩阵见表3-18。经计算总体精度为79.67%,Kappa系数为0.7525。由表3-18可以看出,林地分类精度最高达到89.36%,沼泽化草甸分类精度较低仅有61.53%,主要原因是沼泽化草甸的物候特征与沼泽植被及部分林地的物候特征相近,如表3-16中类型4沼泽与类型5沼泽化草甸的波形相似,FCSM指数接近,导致其错分概率较大。因此后续研究应注重检测二者NDVI特征值有显著差异的突变点,根据该时刻的NDVI特征值,并结合水文、地形等辅助数据,提高沼泽化草甸的分类精度。虽然与其他高分辨率遥感影像监测植被的精度的相比,本书的分类精度并未达到最优,但考虑到MODIS影像具有实时、数据量小、覆盖范围大并且容易获取的优点,本书的分类精度已基本满足湿地植被的实时、快速监测的要求。

表3-18　三江平原植被分类混淆矩阵

分类后数据	参考数据						总和	用户精度(%)
	沼泽	沼泽化草甸	水田	林地	旱地	灌木		
沼泽	21	2	3	2	2		30	70.00
沼泽化草甸	3	20		3			26	61.53
水田		1	20		3		24	83.33
林地	4			42		1	47	89.36
旱地	2		5	1	23		31	74.19
灌木	2	2			1	19	24	79.16
总和	32	25	28	48	29	20	182	
制图精度(%)	65.62	80.00	71.43	87.5	79.31	95.00		
总精度=79.67% kppa=0.7525								

为验证湿地的分布是否符合地理相关性规律，将三江平原的 DEM 与湿地提取的成果相叠加，分析不同湿地植被类型的分布同地形坡度的关系。对叠加了植被分类数据的 DEM 进行坡度分析，统计出不同坡度范围内各植被类型所占的面积比例。由表 3-19 可知，有 81.06% 的水田和 76.17% 的沼泽分布在最低平的坡度小于 0.5°的地区；有 51.46% 的沼泽化草甸分布在坡度为 0.5°~1°的地区；分别有 31.24% 的灌木和 49.51% 的林地分布在坡度大于 5°的地区。这表明三江平原不同生境的植物物种及垂直分异差别明显。随着地势降低，水分增多，乔、灌植物、湿草甸植物、水生草本植物在特定的空间依次出现（汲玉河等，2006）。本书在此定量化地验证了前人的这一研究成果。

表 3-19　三江平原植被类型分布与地形坡度的关系　　（单位：%）

地形坡度	<0.5°	0.5°~1°	1°~2°	2~5°	>5°
沼泽	76.17	1.92	9.94	7.28	4.69
沼泽化草甸	38.95	51.46	6.83	2.21	0.55
水田	81.06	9.19	5.40	3.39	0.96
旱地	65.57	12.07	9.87	9.23	3.26
林地	10.20	6.29	9.52	28.08	45.91
灌木	25.15	8.34	10.68	24.59	31.24

2）精度讨论

本书利用多时相 16 天合成的 250m 分辨率 MODIS-NDVI 数据，根据不同植被类型物候特征的差异，将 Evans 提出的基于傅里叶组分的 FCSM 指数应用于三江平原植被分类及湿地信息的提取，并从多个角度对结果进行验证。植被分类的总体精度为 79.67%，Kappa 系数为 0.7525，并且在与地形坡度分析中湿地植被的分布符合地理相关性规律。结果表明，利用多时相 MODIS-NDVI 数据能够较好地提取三江平原湿地植被分布。

马龙和刘闯（2006）应用多时相的 MODIS-NDVI 数据采用 MNF 技术和非监督分类方法提取三江平原水体和沼泽的空间分布，分类精度达到 79%。本书采用基于傅里叶组分的相似度分类方法，区分出 7 种植被类型：沼泽、沼泽化草甸、滩地、水田、旱地、灌木、林地。特别是在沼泽和沼泽化草甸区分时，精度较低，分别为 70.00% 和 61.53%，主要是由于分类级别的增加限制了分类的精度。从分类方法上看，本书用到的傅里叶幅度和相位参数均与植被的物候特征有关，而 MNF 技术的主成分分析就很难解释其变换后的特征变量。而且基于傅里叶组分的相似度分类方法考虑到了不同植被盖度、生长状况及气候条件对植被分类的影响，具有普适性。因此，基于相似度指数的分类方法优于 MNF 技术的多波段数据降维及信息提取方法，为实时、动态地进行湿地监测提供了一种新的方法。

3
基于决策树模型的湿地景观多源遥感监测

4 保护区湿地景观格局动态变化及驱动机制

4.1 三江平原湿地景观空间分布与功能

4.1.1 三江平原湿地资源的分布状况

三江平原的湿地现有 44.89 万 hm^2，仅存在于几个自然保护区及漫滩河流两岸。目前除保护区外，大面积集中连片、自然性能较好、比较完整的湿地已不复存在。据 2002 年遥感解译与地面调查结合统计，三江平原现有湿地主要分布如下：三江自然保护区湿地面积为 5.39 万 hm^2；洪河自然保护区湿地面积为 2.18 万 hm^2；七星河自然保护区湿地面积为 2 万 hm^2；水城子自然保护区湿地面积为 5 万 hm^2；雁窝岛自然保护区湿地面积为 1.19 万 hm^2；挠力河下游自然保护区为 6.28 万 hm^2；挠力河中游湿地面积为 6 万 hm^2；八岔岛自然保护区湿地面积为 2.13 万 hm^2；鸭绿河流域湿地面积为 4 万 hm^2；别拉洪河流域湿地面积为 2 万 hm^2；浓江流域湿地面积约为 2 万 hm^2；同江青龙河湿地面积为 3.86 万 hm^2；梧桐河湿地面积为 2 万 hm^2；兴隆岗一带湿地面积为 1 万 hm^2。

在 20 世纪 50 年代，三江平原是草原、沼泽、森林相间分布的原始沼泽生境。其中，沼泽占平原总面积的 2/3 以上（约 340 万 hm^2），同时湿地随水量补给的多少不断变化，大水年份湿地水几乎覆盖整个平原。根据遥感资料的解译，三江平原在 20 世纪 80 年代和 2002 年卫星影像对比，发现这 20 年间湿地破坏非常严重。20 世纪 80 年代还有 163.16 万 hm^2，进入 21 世纪后仅剩 44.89 万 hm^2。如不加以限制，未来几年，除几个自然保护区外，三江平原的沼泽湿地将消失殆尽。

4.1.2 三江平原自然保护区湿地资源面临的问题

由于人口的增加和工农业生产规模的不断扩大，三江平原地表水体不断减少并受到污染，生态环境遭到破坏，对沼泽湿地区环境造成的影响主要有：地表水量的减少、地下水水位下降，破坏了"三水"之间的平衡和转化；土壤中盐分下移、肥力的下降；沼泽湿地面积大幅度减少，等等。主要表现在以下四个方面：

1）水利工程破坏湿地原生环境，地表水资源衰竭

在沼泽湿地周边以及内部修建开挖排水沟渠、大型抽水泵站，可以在防涝、灌溉等方面带来正面效应，但其负面效应特别是对水文、生态系统的影响是不容忽视的。据调查，三江平原沼泽湿地区的各类人工排水干渠几乎拦截了湿地区全部地表水，与外流入乌苏里江的人工七星河排水干渠一体形成截面达数百公里的排水体系，使浅层地下水与地表水被截流、分流，三江平原沼泽湿地的水也因此减少了一半以上。再加上纵横交错的公路的分割，这一切都使周围的水无法入渗补给湿地，进入三江平原沼泽湿地的地表水与大气降水的地表径流明显减少，等于切断了湿地的血脉。为灌溉农田，七星河水利工程从三江平原沼泽湿地东西向通过，它每年排泄浅层地下水与地表径流 5 亿 m^3。

三江平原原有大小泡沼 4000 个，汇水面积达 3.33 万 hm^2，其中面积在 3.3 hm^2 以上的约 300 个。目前，因水位下降而枯涸者占 2/3。湖泊泡沼的兴衰历史与沼泽同步，大型的明水面日益萎缩，变成互不联系的泡沼，大型的湖泊正在变小，小的泡沼不复存在，昔日的水乡泽国已成历史。湿地本身就是一座巨大的水库。三江平原原有湿地 340 万 hm^2，平均水深 30cm，储存地表水 100 亿 m^3，而今湿地仅 44.89 万 hm^2，这相当于减少地表水水量 87 亿 m^3。区内有 200 多条河流，其中多数小型河流多为湿地性河流，与湿地的命运休戚相关，随着湿地的垦拓，湿地水面缩减，较大河流也呈现河床变宽，河道淤积，水位大跌，枯水期延长。

2）地下水资源开发破坏湿地原生环境，浅层地下水水位下降

20 世纪 80 年代初到 90 年代末期，三江平原进行了立体开发，共开荒 20 万 hm^2，旱田改水田 30 万 hm^2，打机井 3 万眼左右，兴修水利动用土石方 5 亿 m^3，

改造中低产田 150 万 hm^2。结果造成沼泽湿地急剧减少，生态系统严重恶化，局部地段地下水位大幅度下降，生态地质环境所受到的压力越来越大。地下水减少使沼泽湿地生态系统失去支撑，从而致使湿地退化。三江平原无序、混乱、掠夺性地开发地下水资源，一方面破坏了水资源自然平衡，在三江平原东北部已出现了区域性水位下降（降深 5~10m）和区域性下降漏斗；另一方面也使现有沼泽湿地被逐渐疏干，加剧湿地退化。与 1988 年相比，2000 年区域地下水位平均下降 3m，最大达 12m，出现了部分泡沼干涸，河道断流现象。地下水是三江平原农业及生活用水的主要供水水源，随着农业综合开发强度的提高和大面积旱田改水田，地下水资源开采量逐年增加。据计算本区地下水天然资源补给量为 51.5×10^8 m^3，据统计本区地下水现状用水量为 21.3×10^8 m^3/a，可以看出地下水开采潜力是巨大的，但是由于不合理的开发利用地下水（主要是农灌用占地下水现状开采量的 80%），导致本区局部地带有超采现象，如建三江地区已产生 8 万多 hm^2 范围的降落漏斗

3）湿地水质污染，影响生物生存

由于农业生产经常使用化肥、农药、杀虫剂等毒害物质，使保护区内水体受到污染，水环境质量下降，湿地环境受到不同程度的污染。许多天然湿地已经成为工农业废水、生活污水的排泄地，湿地内的有毒物质如果积累到一定程度，会造成生物灭绝。这种对湿地的污染和破坏具有隐蔽性和积累性，暂时可能不易察觉，但它的负面作用却相当严重。随着三江平原（沼泽湿地）区内人口的增加、工农业生产的发展，地表水污染致使农作物减产、绝产，鱼类死亡等，湿地水环境正在恶化，水质污染严重，已接近富营养状态。如今三江平原沼泽湿地内地表水体流速减慢，自净能力下降。

4）沼泽湿地原始生态环境破坏加重

三江平原原为黑龙江省气候湿润地区，20 世纪 50 年代最大降水量可达 800mm，近年来由于全球气候的变化，导致降水量逐年减少。据气象部门资料，近十几年来，降水量比 20 年前减少了 180mm，比其他地区多减少了 100mm，年递减率是松嫩平原和俄罗斯远东地区的 2 倍，夏季平均气候比 20 年前高 2℃左

右。多年来对湿地的无序利用和过度开发，严重破坏了这里的小气候。有学者曾做过比较研究，湿地的气象观测站点所显示的空气湿度，明显高于其他类型的地区，但是近年来，三江平原沼泽上空的空气湿度在下降。湿地可以涵养水源，这种功能是由湿地草根层和泥炭层具有含水性质所决定的。据中国科学院东北地理与农业生态研究所试验，该区草根层的孔隙度达 72%～93%，最大持水量为 148%～555%，饱和持水量达 830%～1030%；而一般矿质土的饱和持水量仅为 43%～65%，所以称湿地草根层为"蓄水库"。草根层持水量比一般土壤持水量大 10 倍以上。所以一片湿地就是一座水库，"水多它能蓄，水少它能吐"。目前，三江平原湿地储水量达 21 亿 m^3，相当于 21 个 1 亿 m^3 的大型水库，生态效益十分可观。但三江平原沼泽湿地内的几大排干水渠使原本水草丰美的沿河湿地因割断了与河水水系的联系而疏干，使湿地拦蓄洪水和向地下水补给水分的功能丧失，湿生植物演变为中生或旱生植被，覆盖率降低，地表蒸腾蒸发量增加，人为加剧了该区的干旱化、盐渍化和风沙程度。

4.1.3　三江平原保护区湿地功能

国际社会从 20 世纪 50 年代起逐渐认识到湿地对人类生存的意义，因而广泛开展了湿地研究工作，积累了丰富的有关湿地功能的研究资料。在国际上，对湿地研究与保护起着首要领导作用的是《湿地公约》缔约国大会，该大会每 3 年召开一次；还有世界湿地大会，每 4 年举行一次。相关的学术组织也都定期举行国际学术研讨会，目前主要围绕湿地功能、湿地价值、湿地恢复与重建等开展研究。除此以外，一些重要的国际科学研究计划，也推动着湿地功能研究的进展。例如，20 世纪 70 年代以来开展的人与生物圈计划（MBA）、80 年代中期以来开展的国际地圈—生物圈计划（IGBP）、研究全球环境变化的人文计划（IHDP）以及国际水文计划（IHP）等。

湿地功能主要通过过程来表达和体现，具体形式为效益。生态系统的生态功能可界定为"生态系统与生态过程所形成与维持的人类赖以生存的自然环境条件与效用"，对于湿地功能的研究主要有三类：一是对于湿地功能的描述性研究，主要是对湿地功能的作用结果进行定性或定量的阐述，这类研究开展得很广泛，而且多集中在对缺乏前期研究的湿地的描述，随着研究的深入，对湿地功能的描述也有一定的深入；二是对于湿地功能的评价，这类研究近年来在全球范围内开展起来，由于评价研究可以为各级管理部门和决策者提供决策依据，因而受到的重视也很多；三是关于湿地功能的作用机理的研究，由于湿地特殊的自然环境，难以进入、观测和采样，还由于人们对湿地的认识千差万别影响了湿地研究的深入，这类研究开展得少而且深度不够。

湿地功能的研究旨在全面分析湿地的水情变化、土壤类型、植被群落等生态特征的基础上，调查分析该湿地所具有的全部服务功能，并进行分类和评价，深入分析具体湿地主导环境功能。例如，涵养水源功能、调蓄洪水功能、净化功能、生物栖息地功能，掌握这些功能的作用机理与作用过程，实现对该湿地服务功能的调控，以及对该湿地乃至其他类似湿地区的保护与恢复，为达到湿地生态系统的生态效益、经济效益与社会效益的最优化提供科学依据，也为湿地学科的发展开拓新的研究内容，为湿地保护与可持续利用提供背景与基础研究资料。

4.1.3.1 三江平原沼泽湿地的蓄水功能

三江平原沼泽土壤的最上层，一般有明显的草根盘结层，其疏干后一般厚10～30cm，在积水的情况下，最厚可达50～60 cm，它主要是由活的或已经死亡但未分解的沼泽植物根、茎残体组成。在草根层之下，泥炭土和泥炭沼泽土有分解程度不同的泥炭层。草根层和泥炭层具有巨大的持水与蓄水能力，故有"生物蓄水库"之称。

沼泽土壤的持水能力因土壤容重、孔隙度、植物残体组成、有机质含量而异。持水量与容重呈负相关，与孔隙度呈正相关，容重越小，孔隙度越大，持水量则越大。在该区泥炭资源调查中，对三江平原各地泥炭层的131个样品测定（地质矿产部，中国泥炭资源报告附表，1992），容重均为0.16～0.28mg/m³。在区域治理、科技攻关和沼泽考察中，对宝清、虎林等地沼泽土壤草根层和泥炭层的容重和孔隙度进行测定，总孔隙度一般在70%以上，容重为0.10～0.12 mg/m³。但草根层的容重随着泥沙含量的增加而增大，泥炭层的容重随着有机质含量的减少和矿质成分的增加而逐渐增大。腐殖质沼泽土和草甸沼泽土的腐殖质层，容重可增至0.25～0.80 mg/m³，此外，持水量的大小还与植物残体的组成、泥炭分解度有密切关系。沼泽湿地的草根层和泥炭层因主要由未分解或未完全分解的植物残体组成，水分不仅大量存在于孔隙之中，而且一部分保存在植物残体内部，故持水能力很大，可相当于一般矿质土壤的几倍至十几倍。据三江平原各地测定，草根层和泥炭层的饱和持水量可达 4000 ~ 9700 g/kg。泥炭层的饱和持水量随着有机质含量的增加而增大，有机质含量小于 400g/kg 的泥炭，饱和持水量可降至 4000 g/kg 以下。

沼泽湿地的持水能力和地表积水带来了巨大的蓄水功能，根据各类沼泽的面积、土层深度、容重、饱和持水量等参数，估算三江平原沼泽的蓄水量。在多年平均潜水位以上，可蓄水的土壤层平均厚度按 0.8m 计算，则三江平原沼泽湿地土壤的最大蓄水量可达 $46.97 \times 10^8 m^3$。如果不考虑潜育层蓄水，则泥炭层、草根层和腐殖质层的蓄水量为 $33.72 \times 10^8 m^3$。由于沼泽均分布在地势低洼的负地貌部位，沼泽地表平均可积水 30 cm，则现有天然沼泽地表积水的储水量可以达到 $17.15 \times 10^8 m^3$。沼泽土壤蓄水和地表积水的总储水量可达 $64.12 \times 10^8 m^3$（不考虑潜育层蓄水为 $50.87 \times 10^8 m^3$）（刘兴土，2007）。

4.1.3.2 三江平原沼泽湿地的调洪功能

沼泽湿地的巨大蓄水能力使其具有重要的均化洪水功能。为了分析沼泽湿地的调洪功能，刘兴土应用黑龙江省水利厅提供的 1956 ~ 2000 年挠力河宝清站和菜咀子站的洪峰流量实测值，以及菜咀子站洪峰流量的还原值进行对比分析。挠力河流域位于三江平原腹地，是沼泽湿地的集中分布区。该河发源于完达山山区，穿行于平原沼泽区，注入乌苏里江，河长 596 km，流域面积为 235.89 万 hm²，其中低山丘陵区面积 95.17 万 hm²，占流域总面积的 40.3%，平原面积为 140.72 hm²，占流域总面积的 59.7%，中下游主河槽宽 20 ~ 100 m，弯曲系数 2.5，河道比降为 1/500 ~ 1/10 000。该河宝清水文站以上为上游，菜咀子水文站以下为下游，在宝清站至菜咀子之间的中游地区，面积为 128.12 hm²，有多条支流汇合，河漫滩宽广，最宽达 34km，来自山区的丰富径流，由于河道弯曲，比降小，排泄不畅，在此漫散。据 20 世纪 70 年代的调查结果，挠力河中游地区有沼泽与沼泽化草甸面积 $71.62 \times 10^4 hm^2$，沼泽率高达 55.9%。目前，该区尚有沼泽与沼泽化草甸湿地 $28.82 \times 10^4 hm^2$，沼泽率仍达 22.5%。从宝清站和菜咀子站 45 年的洪峰流量数据序列中，按实测值，有 26 年是下游菜咀子站的洪峰流量小于上游宝清站，按菜咀子站还原值，也有 18 年的洪峰流量小于宝清站，表明有大量洪水在河漫滩沼泽中漫散和蓄储。

沼泽减小洪峰流量的功能多发生在平水年、枯水年和前期偏旱的年份，其原因在于这些年份的大部分沼泽地表无积水，或草根层、泥炭层含水不饱和，潜水位不高，存在可供蓄水的"库容"。当河川径流和大气降水补给沼泽时，水分首先被泥炭层或草根层吸收，从而起着汛期强烈减小洪峰流量的作用。

4.1.3.3 三江平原沼泽湿地的净化功能

根据水文站观测资料，三江平原主要河流及不同河流断面的各项水质指标表明，河流的水质部分指标超标，其中 COD、BOD5、挥发酚、汞等水质指标经常大幅度超过国家质量标准，超标倍数最高达 27 倍。从 1999 年洪河农场采集的水样分析结果也反映了同样的问题。

区域生态环境在日益恶化，由于该区人少地多，机械化程度高，经营粗放，属能源密集型农业。化肥和农药的投入量较大，流失严重是对该区地表水体的最大破坏。同时，源于居民区的生活污水和工业污水又使水污染进一步加剧。刘振乾通过现场实验定量模拟了三江平原典型湿地的 N、P 两种面源污染代表物的净化过程和程度。研究结果表明：沼泽湿地生态系统对污水中 N、P 的净化速度随时间的延长呈指数规律下降，初期净化效果与污水中 N、P 的含量呈正相关关系。毛果苔草生态系统和乌拉苔草生态系统对 N、P 的去除量大于纯沼泽水，毛果苔草系统又高于乌拉苔草，表明植物种类和重量、泥炭土厚度等都影响净化效率。通过统计显示，毛果苔草生态系统不同组分对 N 的净化能力大小的排列次序为：茎叶>泥炭>根系>枯落物；对 P 的净化能力排列次序为：根系>泥炭>茎叶>枯落物。按单位质量组分对 P 的去除量由小到大对比，泥炭：茎叶：枯落物：根系为 1.00：1.81：2.95：3.84；而对 N 的净化效果由小到大对比，泥炭：枯落物：根系：茎叶为 1.00：1.62：2.00：5.11；毛果苔草地上部分单位干重对 N 的吸收量是地下部分的大约 2.6 倍，表现出 N 具有从根系向茎叶传递积累的特性；相反，毛果苔草地下部分单位干重对 P 的吸收量是地上部分的大约 2.1 倍，显示 P 主要积累于毛果苔草的根系中。

4.1.3.4 三江平原沼泽湿地的栖息地功能

三江平原湿地是国内最大的沼泽湿地，历史上是众多野生动物，特别是一些珍稀水禽理想的繁殖场所。根据2003年3月~2004年8月对三江平原10个县的野外考察及以往文献记载，三江平原共有鸟类238种，占黑龙江省鸟类种数（361种）的65.9%，湿地鸟类占很大比例，记录了大型水鸟37种，分属6目9科16属。其中，鹳形目、雁形目无论在种类上还是在数量上都占绝对优势，分别占水鸟群落种类组成的18.44%和55.76%。由于人为破坏程度较大，目前三江平原仅存在几处保存较完好的水禽栖息地，包括：①密山兴凯湖保护区湿地；②富锦市宏胜镇及东风林场南侧至宝清县挠力河段湿地；③同江市八岔乡附近的由小型泡沼和湿草甸组成的湿地；④以典型的岛状林、苔草沼泽、湿草甸和芦苇沼泽为主要生境的洪河自然保护区；⑤地处抚远县三江自然保护区的以河流、泡沼和草甸为主要生境的湿地。

4.2 三江平原土地利用/覆盖动态变化

采用基于随机森林算法的决策树分类技术，兼容5个时期（1976年、1986年、1995年、2000年和2006年）的研究区遥感影像的光谱特征、纹理特征和地学辅助特征自动提取小三江平原的土地利用/覆盖分类的决策规则，并据此规则进行遥感制图工作，通过野外验证和专题图的对比分析对解译数据进行修改和编辑分别制成5个时期的土地利用/覆盖图，各期影像的分类精度见表4-1。小三江平原5期基于随机森林算法的土地覆盖图的总精度均达到88%以上。其中，水域和林地的分类精度最高，平均分类精度分别为97.8%和92.6%。主要是由于这两种地类具有独特的光谱特征，且在研究区集中连片分布，较易与其他地类区分。而沼泽和草甸的分类精度相对较低，平均分类精度分别为83.5%和83.4%，主要与该地类光谱特征多样、与其他地类混分现象较为严重有关。精度评价结果表明，基于随机森林算法的土地覆盖分类精度基本满足区域沼泽湿地动态监测及景观格局变化研究的要求。

利用ArcGIS 9.1的空间分析功能，对不同时期的土地利用/覆盖数据进行计算和分析，获得相应的空间及属性信息。小三江平原湿地退化研究分为两个尺度：区域尺度变化分析关注人为干扰下小三江平原土地利用/覆盖变化过程；而热点区域变化分析关注小三江平原区域土地利用/覆盖变化对其内部保护区湿地退化的影响。小三江平原近30年来各种土地利用/覆盖类型的面积及所占的百分比见表4-2（在土地利用/覆盖动态变化研究中旱地和水田被合并成耕地），耕地和沼泽的空间分布如图4-1所示。

表4-1 小三江平原1976年、1986年、1995年、2000年和2006年随机森林分类精度评价

类型	用户精度（%）					生产者精度（%）				
	1976年	1986年	1995年	2000年	2006年	1976年	1986年	1995年	2000年	2006年
沼泽	87.9	88.6	89.4	87.7	90.0	80.3	78.4	76.6	77.3	77.4
草甸	79.6	76.4	80.2	79.7	76.6	89.1	88.3	87.6	89.4	88.5
旱地	91.1	88.2	87.4	90.1	89.6	97.6	97.4	96.2	97.1	99.0
水田	95.2	93.5	92.4	91.6	94.8	95.7	97.4	92.6	93.5	94.8
林地	95.6	93.2	92.7	93.6	95.1	89.6	92.1	91.4	92.5	90.7
水域	100.0	95.4	97.7	97.7	100.0	98.6	97.7	95.6	97.7	97.1
居民地	96.7	97.9	95.7	94.3	98.5	88.2	87.7	92.1	89.4	90.4
总精度（%）	88.8	88.1	89.4	88.6	90.9					

表4-2 小三江平原1976～2006年不同土地利用/覆盖类型的面积及所占比例

项目／土地利用／覆盖类型	1976年		1986年		1995年	
	面积（hm²）	比率（%）	面积（hm²）	比率（%）	面积（hm²）	比率（%）
沼泽	658 366	41.0	362 099	22.5	32 3887	20.2
草甸	331 374	20.6	127 892	8.0	12 782	0.8
耕地	459 300	28.6	607 960	37.9	696 111	43.3
林地	106 947	6.7	356 207	22.2	427 398	26.6
水域	43 035	2.7	143 674	8.9	137 588	8.6
居民地	6 986	0.4	8 176	0.5	8 242	0.5

项目／土地利用／覆盖类型	2000年		2006年	
	面积（hm²）	比率（%）	面积（hm²）	比率（%）
沼泽	305 457	19.0	201 291	12.5
草甸	17 392	1.1	4 863	0.3
耕地	749 071	46.6	1 068 370	66.5
林地	386 748	24.1	193 030	12.0
水域	139 094	8.7	127 649	8.0
居民地	8 246	0.5	10 805	0.7

中国东北典型沼泽湿地自然保护区遥感监测

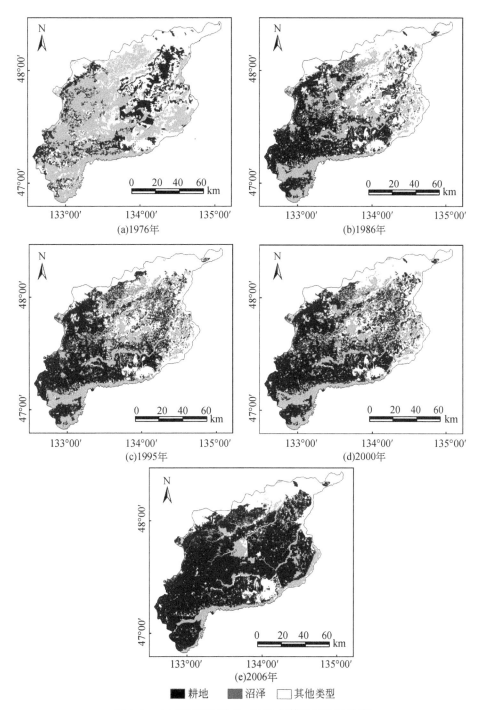

■耕地　■沼泽　□其他类型

图 4-1　小三江平原 1976～2006 年耕地和沼泽分布

由以上统计图表可以看出，近30年来研究区土地利用/覆盖发生了显著的变化，总体变化趋势为耕地的面积显著增加，而沼泽、草甸和林地的面积在不断下降。

（1）小三江平原耕地面积由1976年的459 300hm²增加到2006年1 068 370 hm²，其中2000～2006年耕地面积增加的幅度较大。这段时间内耕地在景观中所占的比例增加19.9%。据统计资料分析，2000～2006年耕地面积迅速增长是由于国家政策向农业倾斜的缘故。

（2）沼泽和草甸面积持续减少。1976～1986年，沼泽面积减少的幅度最大，下降了18.5%。1986～2000年沼泽的减少速度有所放缓，然而沼泽减少的趋势并没有改变，2000年后该趋势更加显著。2000～2006年沼泽湿地所占的面积比例又减少了6.5%。到1995年为止，小三江平原的草甸几乎完全被开垦为耕地，草甸为该区域优先被开垦的土地利用类型。

（3）林地面积的变化趋势为先增加而后开始减少。20世纪50年代末～70年代初，小三江平原的林地被大面积开垦。此后在国家退耕还林政策的影响下，林地覆盖度由1976年的6.7%增至1995年的26.6%。但是从90年代后期，林地面积下降的幅度较大，到2006年林地覆盖度仅为12%。居民地和水域的面积基本没有发生显著变化。

4.3 洪河自然保护区湿地景观动态变化过程及驱动力

4.3.1 洪河自然保护区湿地景观动态变化过程

洪河自然保护区内部30年来各种土地利用/覆盖类型的面积及所占的百分比见表4-3。洪河自然保护区沼泽和草甸的面积此消彼长，交替变化。其主要原因是年度水文状况的差异，草甸和沼泽植被在不同的水分条件下相互转化，年际变化较大。但总体变化趋势是逐渐减少，部分草甸和沼泽已被灌木和林地侵入。保护区耕地面积由1976年的225hm²增至2000年的891hm²，保护区2002年开始严格执行国家"退耕还林和退耕还湿"政策，对抑制保护区内耕地的扩张起到了重要的作用。2006年耕地面积下降至136hm²。

保护区林地（包括有林地和灌木林地）的总体变化趋势为先减少后增加。林地面积在 1976～1986 年不断减少，由 1112hm² 减少到 205hm²，面积百分比下降了 3.7%（表 4-3）。将 1976 年与 1986 年保护区的土地利用/覆盖图进行叠加分析，获得砍伐林地的空间分布图（图 4-2）。由图 4-2 可知，保护区林地主要分布在二抚路的两侧，特别是沃绿兰河的东部，是林地减少最为显著的地区。对图 4-2 进行面积统计发现被砍伐的林地有 857hm² 变为草甸，有 61hm² 变为沼泽。1986～2006 年，保护区内的林地面积由 205hm² 增加到 895hm²（表 4-3）。通过洪河保护区实地调查数据及历史资料的分析，该区林地扩张包括以下三部分：①1976～1986 年砍伐区的次生林地；②退耕还林地；③由于水文条件发生变化，植被逆向演替而向外扩张的林地。

表 4-3 洪河自然保护区 1976～2006 年不同土地利用/覆盖类型的面积及所占比例

土地利用/覆盖类型 \ 项目	1976 年		1986 年		1995 年	
	面积（hm²）	比率（%）	面积（hm²）	比率（%）	面积（hm²）	比率（%）
沼泽	13 105	53.0	10 201	41.3	9 397	38.0
草甸	10 296	41.6	13 734	55.5	13 837	55.9
耕地	225	0.9	598	2.4	874	3.5
林地	1 112	4.5	205	0.8	630	2.6

土地利用/覆盖类型 \ 项目	2000 年		2006 年	
	面积（hm²）	比率（%）	面积（hm²）	比率（%）
沼泽	13 931	56.3	12 066	48.8
草甸	9 151	37.0	11 641	47.0
耕地	891	3.6	136	0.6
林地	765	3.1	895	3.6

将 1986 年与 2006 年的土地利用/覆盖图进行叠加分析，得到保护区在这一时期内增加的林地范围。在此范围中剔除图 4-2 中砍伐区次生林的范围和退耕还林地的范围（1986 年耕地变为 2006 年林地的范围）即为向外扩张的林地（图 4-3）。由图 4-3 可知，在 1986～2006 年，林地逐渐向周边的草甸和沼泽扩张，共有 759 hm² 的草甸和沼泽变为灌木和林地。由此可见保护区湿地植被逐渐退化并向旱生方向演

替。本书将洪河保护区的1:10 000的DEM与向外扩张的林地范围（图4-3，表4-4）相叠加，分析林地扩张范围与地形高程的关系，定量验证林地扩张是否符合地理相关性规律。以叠加后的专题图为基准，统计出不同高程范围内扩张林地所占的面积比例。向外扩张的林地有81.31%都分布在高程大于53m的位置，可见研究区湿地植被的旱生演替首先发生在地势相对较高的地区，与区域水文条件关系密切。

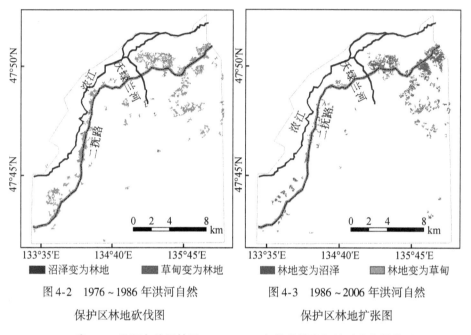

图4-2　1976～1986年洪河自然
保护区林地砍伐图

图4-3　1986～2006年洪河自然
保护区林地扩张图

表4-4　洪河自然保护区1986～2006年林地扩张与地形高程的关系

地形高程（m）	49～50	51～52	53～55	>56
林地扩张面积（hm²）	0.27	141.57	595.98	21.06
林地扩张百分比（%）	0.04	18.65	78.53	2.78

4.3.2　洪河自然保护区湿地景观动态变化过程的驱动力

　　小三江平原在近30年来土地利用/覆盖发生了剧烈的变化，原始的沼泽和草甸所代表的湿地景观已被农田景观所取代。特别是由于水田的大量开垦，用水全部采用机电井抽取地下水灌溉。建三江区域20世纪90年代初各类开采井254眼，至90年代末达到3288眼，到2006年已达到4499眼。由此可见，该区域水田面积和灌溉用水量不断增加，开采强度不断加大。自1997年以来，该地区平均降雨量为473mm，低于多年平均的561mm。在自然与人为干扰的双重胁迫下，导致区域地下水整体上处于超采状态，地下水埋深不断增加。

本书收集了建三江农垦分局各农场的地下水位观测数据（1997~2006年），观测周期为5天，共计49眼观测井。采用ArcGIS 9.1的Spatial Analyst模块中的Kriging插值方法，实现了洪河自然保护区及周边4个农场地下水资源空间分布的模拟。图4-4为基于1997年和2006年建三江农场年平均地下水埋深实测数据生成的地下水位等值线图。由图4-4可以看出，洪河自然保护区及其周边农场地下水位整体下降趋势十分明显，地下水埋深不断增加。特别是以前锋农场为中心的漏斗区域不断向外扩展，已对保护区内部地下水位的变化产生影响。图4-5反映了洪河自然保护区及周边4个农场各月平均地下水埋深变化趋势。1997~2006年各月平均地下水埋深都在不断增加，而且2006年与1997年相比，该区域年平均地下水位下降了3.66m。

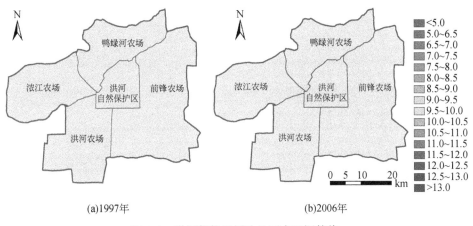

图4-4 洪河保护区周边地下水埋深等值

由以上分析可知，小三江平原大量的天然沼泽湿地被开垦为耕地，已经不能保证其维持正常的生态过程，研究区湿地生态安全受到威胁，湿地保护任务极为迫切。小三江平原区域剧烈的土地利用/覆盖变化对洪河保护区的湿地生态系统产生了间接的影响。在地下水资源日益短缺的影响下，洪河保护区林地逐渐向沼泽和草甸方向扩张，湿生植被逐渐向旱生方向演替，湿地植被退化现象较为严重。洪河自然保护区面积较小，尽管保护区采取了一系列湿地保护与修复措施，

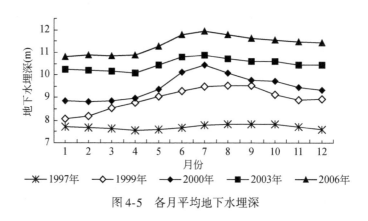

图 4-5　各月平均地下水埋深

开展了大量工作。但由于保护区周边水渠的建立使保护区以孤岛方式存在，加之其周围被农田所包围，大量的地表水与地下水用于农业开采，其水源补给不足，直接影响了保护区的湿地水文条件，继而使湿地水位下降，湿地生态系统退化加剧。因此，为切实保护好洪河自然保护区湿地，建议采取有效措施使沟渠中的水源与其他河道或注水工程相连以保证区内的水资源充足。另外，应加强湿地廊道建设，落实引水工程，在可能情况下，在保护区周边增加自然植被缓冲区，如基于遥感技术建立一定宽度的林带或增加缓冲区草场范围等措施；同时提倡节水农业，避免地下水过度开采。

4.4　三江自然保护区湿地景观动态变化过程及驱动力

4.4.1　三江自然保护区湿地景观动态变化过程

三江自然保护区内部近 30 年来各种土地利用/覆盖类型的面积及所占的百分比见表 4-5。1976～1986 年，三江自然保护区沼泽湿地的面积大量减少，面积百分比由 1976 年的 48.0% 降低到 1986 年的 19.2%。1986～2000 年，由于采取了一系列保护措施，三江自然保护区湿地面积减少速度减缓。然而 2000～2006 年，沼泽湿地的面积百分比 22.4% 下降到 19.3%，与此同时，保护区内耕地的面积百分比由 14.3% 急剧增加到 43%。由于草甸和沼泽具有相似的光谱特征，并且不同年份间水文条件的差异，两种覆盖类型经常相互转换，遥感影像对于两者区分的精度较低。沼泽和草甸两种土地覆盖类型的面积均显著的减少。将2000年与2006年三江自然保护区的土地利用/覆盖图进行叠加分析，计算出两期土地利用土地覆盖类型的转移矩阵（表4-6）。由以上统计图表可见：2000～2006年，有16 596 hm²的沼泽被开垦为耕地（表4-6）。

表4-5 三江自然保护区1976～2006年不同土地利用/覆盖类型的面积及所占比例

项目 土地利用/覆盖类型	1976年		1986年		1995年	
	面积（hm²）	比率（%）	面积（hm²）	比率（%）	面积（hm²）	比率（%）
沼泽	88 895	48.0	35 504	19.2	36 997	19.9
草甸	19 236	10.4	21 913	11.8	5 127	2.8
耕地	14 727	7.9	7 150	3.9	22 839	12.3
林地	38 142	20.6	72 670	39.2	75 918	41.0
水域	24 117	13.0	47 834	25.8	44 229	23.9
居民地	114	0.1	160	0.1	121	0.1

项目 土地利用/覆盖类型	2000年		2006年	
	面积（hm²）	比率（%）	面积（hm²）	比率（%）
沼泽	41 503	22.4	35 852	19.3
草甸	880	0.5	101	0.1
耕地	26 484	14.3	79 652	43.0
林地	78 344	42.3	38 394	20.7
水域	37 859	20.4	30 854	16.7
居民地	161	0.1	378	0.2

表4-6 三江自然保护区2000年与2006年的土地利用/覆盖变化的转移矩阵表

（单位：hm²）

土地利用/覆盖类型		2000年					
		耕地	林地	草甸	水域	居民地	沼泽
2006年	耕地	24 789	37 985	124	145	13	16 595
	林地	953	32 808	727	384	5	3 517
	草甸	71	3	5 127	0	0	27
	水域	34	2 015	0	28 362	8	435
	居民地	103	66	29	0	135	45
	沼泽	534	5 467	0	8 968	0	20 883

三江自然保护区林地的变化趋势是先增加后减少。1976～2000年，由于政府执行退耕还林政策以及砍伐林地的恢复，林地面积由1976年的38 142 hm²增加到2000年的78 344 hm²。但2000～2006年，林地大量被开垦为耕地，林地在保护区所占的百分比由2000年的42.3%下降到2006年的20.7%，其中有37 985 hm²的林地被开垦为耕地（表4-6），被开垦的林地空间分布如图4-6所示。由以上分析可见，三江自然保护区自从2000年成立以后，沼泽湿地开垦的现象并未得到有效的控制。保护区近5年内减少的湿地有80.6%完全被开垦为耕地。耕地的过度开发是保护区沼泽湿地减少的主要原因。

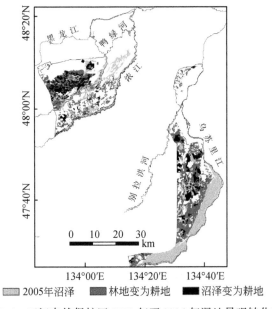

图4-6　三江自然保护区2000年至2006年湿地景观转化图

在研究区，随不同年份之间水文条件的差异，沼泽与草甸景观往往发生相互之间的转化。在景观基质的判定过程中，将沼泽与草甸合并为一种类型，以避免沼泽和草甸在分类中的误判。三江自然保护区所占面积比例最大的景观类型分别是耕地、林地、沼泽及草甸，统计这三种景观类型在不同年份的斑块凝聚度指数（图4-7）。某类斑块凝聚度越高，说明该类型景观的连通性越强。1976～2006年，沼泽和草甸的斑块凝聚度指数在不断下降，而耕地的斑块凝聚度指数急剧增加。1976年，沼泽和草甸的总面积为146 273hm²，占景观总面积的58.4%，在

中国东北典型沼泽湿地自然保护区遥感监测

景观中所占的比例最大（表4-5）。由图4-6可知，1976年斑块凝聚度指数表现为沼泽和草甸最大，其次为林地，再次为耕地，说明沼泽和草甸的连通性最大。通过景观类型的面积和连通性两个指标可以判定1976年三江自然保护区的景观基质为草甸和沼泽。此后，沼泽和草甸的开垦现象较为严重，到2006年三江自然保护区的耕地面积已达到79 652hm²，占保护区面积的43.0%，在景观中所占比例最大（表4-5）；耕地的斑块凝聚度指数在2002年超过沼泽和草甸，这表明2002年以后农田景观的连通性超过沼泽和草甸的连通性，由此判定2006年三江自然保护区景观基质已转化为农田。保护区原始的沼泽和草甸景观基质在近30年内较强的人为干扰下已转变成为农田景观基质。

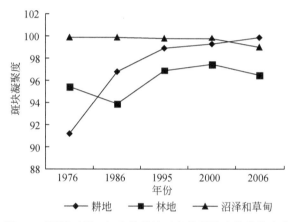

图4-7　不同时期三江自然保护区斑块凝聚度指数的变化

4.5　三江与洪河自然保护区湿地景观格局变化过程对比

本节采用景观生态学中的5个类别尺度景观指数对比分析两个保护区近30年来沼泽湿地景观格局的时空变化特征，以揭示直接和间接人为干扰下三江与洪河自然保护区湿地退化的规律和机制。选取的5个景观指数分别为：分形分维指数的均值（FRAC_ MN）、斑块联通度指数的均值（CONTIG_ MN）、斑块个数（NP）、斑块凝聚度指数（COHESION）和最大斑块指数（LPI）（McGarigal et al.，2002）。每种景观指数的公式及生态学意义的描述见表4-7。分形分维指数的均值和斑块联通度指数的均值分别代表斑块形状复杂度和斑块边界的连通性；

斑块个数是景观破碎化程度的指标；斑块凝聚度指数和最大斑块指数则分别反映了景观中某类斑块的连接度和优势度。

表 4-7　本书中选取景观指数的计算方法及其生态学含义

景观指数	名称	算法	参数描述	取值范围	生态学含义
NP	斑块数目	$NP = N_i$	N_i 为景观中的斑块总数	$NP \geq 1$	单一类型的斑块数量，当景观中某种类型仅有一个斑块构成时，$NP = 1$
FRAC_MN	分形分维指数的均值	$FRAC = \dfrac{2\ln(0.25P_{ij})}{\ln a_{ij}}$	P_{ij} 为斑块 ij 的周长 a_{ij} 为斑块 ij 的面积	$1 \leq FRAC \leq 2$	对于一个二维斑块来讲，分形维数大于 1 代表与欧式几何的偏离程度。分维值越大，斑块形态越复杂，反之越简单
CONTIG_MN	斑块连通度指数的均值	$CONTIG = \dfrac{\left[\dfrac{\sum\limits_{r=1}^{z} c_{ijr}}{a_{ij}}\right] - 1}{v - 1}$	C_{ijr} 为斑块 ij 中像素 r 的联通度 v 为 3×3 模板值之和 a_{ij} 为斑块 ij 的面积	$0 \leq CONTIG \leq 1$	为描述景观组分关系的异质性指数，当斑块仅为一个像素构成 CONTIG 为 0，随着斑块的边界连通性增加，CONTIG 的值趋近于 1
COHESION	斑块凝聚度指数	$COHESION = \left[1 - \dfrac{\sum\limits_{j=1}^{m} P_{ij}}{\sum\limits_{j=1}^{m} P_{ij}\sqrt{a_{ij}}}\right] \left[1 - \dfrac{1}{\sqrt{N}}\right]^{-1} \cdot 100$	P_{ij} 为斑块 ij 的周长 a_{ij} 为斑块 ij 的面积 m 为 i 类景观中的斑块个数 N 为景观中的像元个数	$0 \leq COHESION < 100$	是一种定义景观中某种斑块之间物理连通性的指数，景观中某类斑块凝聚度越高，该类型景观的连通性越强
LPI	最大斑块指数	$LPI = \dfrac{\max(a_{ij})}{A} \cdot 100$	a_{ij} 为斑块 ij 的面积 A 为景观总面积	$0 < LPI \leq 100$	代表最大斑块对整个类型或者景观的影响程度。某种类型的最大斑块越小，则该类型的 LPI 值越接近 0，当整个景观中全部由某类斑块构成时，该类型 LPI 值为 100

利用 Fragstats3.3 景观格局分析软件分别计算三江与洪河自然保护区的景观格局指数，分析近 30 年来两保护区沼泽湿地景观格局的变化情况。1976～2006

年三江与洪河自然保护区类别尺度的景观指数如图4-8所示。图4-8（a）显示了两个保护区沼泽的斑块数目和斑块面积的动态变化。在1976～1986年，两个保护区的沼泽湿地面积不断减少的同时沼泽斑块数目均有明显增加，说明这段时间两保护区的沼泽湿地经历了明显的破碎化过程。1986年以后，洪河自然保护区

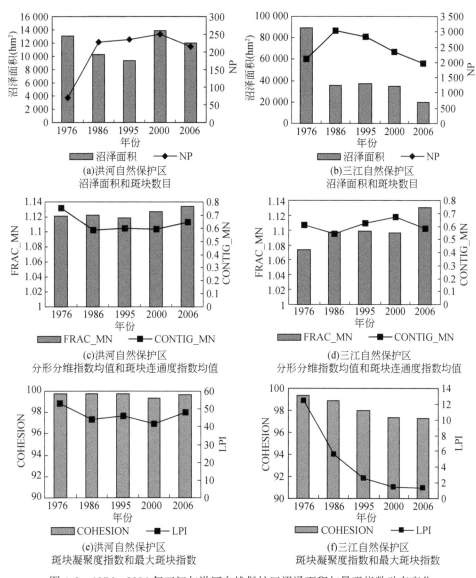

图 4-8　1976～2006 年三江与洪河自然保护区沼泽面积与景观指数动态变化

的斑块数目保持稳定，而三江自然保护区沼泽斑块数目和面积不断减少，说明三江自然保护区破碎化后的沼泽斑块正逐渐消失，被其他景观类型所取代。图4-8（b）为两保护区沼泽斑块分形分维指数均值和斑块连通度指数均值的动态变化趋势。洪河保护区近30年内，除1976～1986年斑块连通度指数均值明显减少外，两景观指数的波动幅度均很小，表明洪河自然保护区在1976～1986年沼泽斑块的连通性明显降低。三江自然保护区沼泽斑块的分形分维指数均值在不断增加，尤其在1976～1986年和2000～2006年两个时间段增加的幅度最大，表明这两个时间段内保护区沼泽湿地景观受到较强的人为干扰，因而沼泽斑块边界的复杂度显著增加。两保护区斑块凝聚度指数和最大斑块指数如图4-8（c）所示。洪河自然保护区的沼泽斑块凝聚度指数和最大斑块指数的变化无明显规律，且波动幅度不大。而在三江自然保护区，两个指数在近30年内均持续降低，表明三江自然保护区沼泽斑块的连通性和优势度均不断降低。

综上所述，除1976～1986年外洪河自然保护区的沼泽类型的所有景观指数的年际变化幅度较小，表明1986年以后，在间接的人为影响下洪河自然保护区沼泽湿地的景观格局并未发生显著的变化。而在三江自然保护区，沼泽类型的所有景观指数均呈现出单调变化的趋势（单调递增，或者单调递减）。值得关注的是，在1976～1986年和2000～2006年间，三江自然保护区内沼泽斑块的边界连通性、凝聚度和优势度均显著降低，而斑块边界形状复杂度增加，说明在这两个时间段高强度的直接人为干扰下，三江自然保护区沼泽斑块的破碎化程度增大，湿地景观格局发生了显著变化。

5 保护区水禽栖息地生境因子监测与质量评价

5.1 扎龙自然保护区基本特征与数据处理方法

5.1.1 扎龙自然保护区基本特征

扎龙国家级自然保护区位于黑龙江省乌裕尔河流域下游、松嫩平原西部（46°52′～47°32′N，123°47′～124°37′E），齐齐哈尔市及富裕县、林甸县、杜蒙县、泰来县交界地域，总面积为 2100km²。属寒温带大陆性季风气候，多年平均降水量为 416.5mm，全区平均海拔为 144m，呈东北—西南走向。扎龙湿地植被分为草甸草原、草甸植被、沼泽植被和水生植被 4 种类型，以芦苇、香蒲、羊草等为优势种，是我国重要的内陆淡水沼泽湿地。它是一个以鹤类等大型水禽为主体的珍稀鸟类和湿地生态类型的国家级自然保护区，其主要保护对象是湿地生态系统及栖息的鹤类、鹳类等濒危水禽。1992 年被拉姆萨尔公约（Ramsar convention）列入国际重要湿地名录，在世界珍稀水禽保护和繁育中占有极其重要的地位（吴长申，1999），是亚洲十大湿地之一。

5.1.2 数据处理方法

5.1.2.1 野外实地调查

野外实地调查时间为 2007 年 4 月下旬～5 月上旬，结合扎龙自然保护区管理局提供的近年来丹顶鹤巢址分布数据，确定丹顶鹤可能营巢区域。课题组研究人员首先开展地面调查，借助指北针、激光测距仪和 GPS 偏移定位功能，估测丹顶鹤巢窝的经纬度；继而进入巢区，利用 GPS 导航，对每个巢窝进行精确定位，调

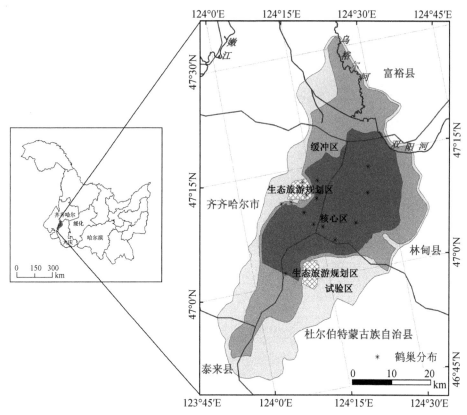

图 5-1 扎龙自然保护区位置和功能区划及丹顶鹤巢址分布

查共统计并准确定位 15 个丹顶鹤巢址（图 5-1）。

5.1.2.2 数据处理

我们收集覆盖研究区 1 : 50 000 地形图（1986 年）14 幅；选取了 2007 年 7 月 Landsat-5 TM 遥感影像，分辨率为 30 m；选取了 2007 年 6 月 ENVISAT ASAR 数据，其中，多视图像（precision image）极化方式 HH/HV，分辨率为 12.5 m，单视复图像（single look complex image，SLC）极化方式 HH/VV，分辨率为 7.8 m。

数字化地形图的等高线和高程点，采用克里金插值方法生成 DEM，像元大小 30 m。以地形图为参考，在 TM 影像上选取地面控制点，进行几何校正和重采样，残差控制在 0.5 个像元内，纠正到统一的高斯投影下。使用欧洲太空局提供的 NEST（next eSA SAR toolbox）软件包对原始数据图像进行提取、由幅度图像得到能量图像、按下式进行辐射定标得到后向散射系数（back- scattering coefficients）图像。

$$\sigma_{ij}^{\circ} = 10 \times \lg\left[\frac{DN_{ij}^2}{K}\sin(\theta_{ij})\right]$$

式中，σ_{ij}°为第 i 行、第 j 列像元后向散射系数；DN_{ij}为第 i 行、第 j 列像元原始强度数值；θ_{ij}为第 i 行、第 j 列像元雷达波入射角度；K 为绝对定标系数（不同影像，K 值随之变化）。

并进行 GAMMA MAP 滤波以抑制图像相干斑噪声，提高地物目标可识别性。在 ERDAS 软件中参照具有精确地理坐标的 TM 影像对 ENVISAT ASAR 影像进行几何校正和重采样，误差控制在一个像元内。为了与 TM 影像进行对比，纠正后影像的空间分辨率为 30m×30m。

5.1.2.3　水禽栖息地生境因子的选择

生境也称栖息地，指动物生活的周围环境，即指在动物个体、种群或群落在不同成长地段上（如生长、发育）影响其各种生态环境因子的总和（吴健平和杨星卫，1995）。生境一般由一系列因子组成，包括植被、空气、水分、光照、无机盐等非生物因子，还有食物、隐蔽物和天敌等生物因子，是为不同特定种类野生动物提供生存所需的空间单元。

1）丹顶鹤栖息地生境特征

丹顶鹤的栖息地主要是沼泽和沼泽化草甸，食物主要是浅水的鱼虾、软体动物和某些植物根茎。单一的生境特征并不能满足丹顶鹤巢址选择的要求，丹顶鹤巢址会选择能提供食物又要提供隐蔽场所的特殊区域，这些区域不仅跟地貌有关而且受到地形和坡度的影响，湿地内影响芦苇长势好坏主要的影响因子是水，包括水体分布、面积和深度。

2）丹顶鹤生境因子的选择

影响丹顶鹤生境选择的主要因子有地貌、地形、土壤、坡度、植被类型、明水面距离和人为干扰等因子。已有研究结果表明扎龙湿地的丹顶鹤在巢址选择上，影响最大的因子是植被类型，所有的巢址都位于芦苇沼泽中，丹顶鹤巢址对于芦苇沼泽有100%的选择性（李枫等，1999）。邹红菲等研究指出明水面及巢下水深是鹤类巢址选择的重要因子（邹红菲等，2003），巢址30m以内没有明水面存在的，其巢下水深度较大（超过15 cm，但不超过50cm），即在没有明水面存在的地带，巢下水深是影响丹顶鹤巢址选择严格的限制因子；而在有明水面存在的地带，巢下水深不再是其巢址选择的关键影响因素。除此之外，人为干扰因素对于巢址的选择也十分重要。因此，本书确定以下四个因子为丹顶鹤栖息地研究因子。

（1）植被因子：研究区芦苇植被一方面为丹顶鹤提供隐蔽场所，另一方面提供食物。

（2）水深因子：研究区芦苇植被下的积水情况是丹顶鹤栖息地选择的重要影响因子。

（3）明水面因子：丹顶鹤的巢址选择与明水面有关，并且与距明水面距离关系更为密切。

（4）人为干扰因子：本书选取的外在干扰因素主要考虑居民点和道路。丹顶鹤是一种域鸟，一般会选择远离人类干扰的地方。

5.2 扎龙自然保护区典型水禽栖息地生境因子监测方法

5.2.1 植被因子的监测

1）数据源与预处理

选用2007年7月2日过境的 Landsat-5 TM 影像、2007年5月11日 Envisat ASAR APP 数据以及克里金插值法生成的 DEM，并且将 DEM 转化为统一的高斯投影，并由此提取坡度图。同时采集训练样本与验证数据，根据研究区实际地类分布情况，分为水田、旱地、水体、沼泽湿地、草甸、居民地和盐碱地7类。按分层随机采样方法，以 Landsat-5 TM 影像和1∶5万地形图为参考进行采样，共选取1849个训练样本。于2007年7月进行野外调查，选取515个样点，用 GPS

定位记录植被类型,用于分类后精度验证。

2) 预测变量的选取

光谱特征是遥感影像的重要分类标志。选取 LandsatTM1、TM2、TM3、TM4、TM5 和 TM7 数据,从中提取 NDVI、归一化水体指数(NDWI)和主成分变换后的第 1 主成分(PC1)。通过穗帽变换对 TM 影像进行线性变换,得到亮度(BRIGHTNESS)、绿度(GREENNESS)和湿度(WETNESS)。雷达信号能穿透湿地植被,产生植被—水面二次反射,对植被下水体较敏感,利于区分湿地与其他土地覆盖类型,将 Envisat ASAR 的 C 波段 HH 和 HV 极化影像作为预测变量。高程和坡度信息与土壤排水、湿度及水文条件有关,可区分不同湿地植被类型(Breiman,2001)。本书同时将 DEM 和坡度数据(SLOPE)引入作为预测变量。

3) 基于决策树兼容多源数据的分类方法

采用 salford-system 公司的 SPM 软件进行机器学习,选取 16 个预测变量,包括 12 个光谱特征数据(TM1、TM2、TM3、TM4、TM5、TM7,NDVI,NDWI,PC1,BRIGHTNESS,GREENNESS 和 WETNESS),2 个雷达数据(HH 和 HV)和 2 个地形辅助数据(DEM 和 SLOPE)。所有预测变量都为连续型变量,目标变量为所选 7 类土地覆盖类型。

基于 1849 个训练样本建立 CART 模型,用经济学中基尼系数作为选择最佳预测变量和分割阈值的准则,建立决策树结构,并用交叉验证的方法对树的结构进行修剪,将最初生成的决策树根节点数目从 62 个剪枝到 12 个,根据该分类规则得到最终分类结果。

选择相同训练样本建立随机森林(Rand omForest,RF)模型,从原始训练样本集合中采取有放回抽样方法随机抽取自助样本集,每次抽样后约剩余 1/3 左右 OOB 对分类误差进行估计,把每个自助样本集作为训练集生长单棵分类树,在树每个节点处,从特征变量中随机选取 m 个特征,在 m 个特征中选出一个特征进行分支生长。本书选取 1 ~ 4(16 个特征变量的平方根)个节点分裂特征数目建立 10 ~ 30 个树构成随机森林,根据预测的 OOB 误差选择最优特征数目(Chan and Paelinckx,2008),最终生成的多个树分类器对新数据进行预测,分类结果按每个树分类器投票多少而定。

4）精度验证

用 515 个实测样本对 CART 和 RF 算法分类结果进行精度验证。为了定量对比决策树分类方法与传统监督分类方法的差异，根据同样的训练样本，用传统的 MLC 对研究区 TM 影像进行监督分类。基于误差混淆矩阵预测三种分类方法的错分、漏分和总误差，用分层随机采样方法计算 Kappa 系数（Stehman，1999）。对比 CART 和 RF 算法与 MLC 算法分类结果，判别分类精度是否有显著提高。

5）随机森林分类结果

本书选取 16 个预测变量构建随机森林，在树的每个节点处随机挑选 3 个特征进行生长。图 5-2 表示了 OOB 预测误差随着树的个数增加而变化的趋势。随着随机森林中分类树数目的增加，OOB 错误率逐渐减少，当树的个数达到 200 以上时，OOB 预测误差趋于稳定。用该随机森林模型对研究区进行分类，由此得到扎龙湿地的湿地概率分布图（图 5-3）。

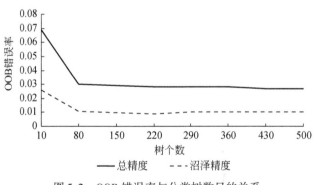

图 5-2 OOB 错误率与分类树数目的关系

分类过程中，所有预测变量都起到了作用，表 5-1 列出各预测变量相对重要性得分，DEM 最为重要，其贡献率为 10.47%，说明地形数据利于区分湿地与非湿地，TM 数据（包括 TM7 和 TM5）占 14.70%，WETNESS、GREENNESS、BRIGHT NESS 和 PC1 共占 33.08%，NDVI 和 NDWI 占 14.92%，坡度数据仅占 1.89%，可能由于扎龙湿地较为平坦，SLOPE 对区分植被类型作用并不明显。而

Envisat ASAR HH、HV 对土地利用分类的重要性相对较小，占 4.7%。

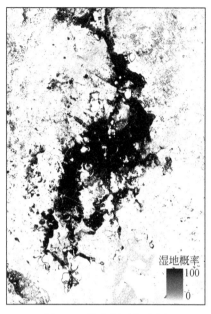

图 5-3　扎龙湿地概率图

表 5-1　随机森林中预测变量相对重要性得分

预测变量	相对重要性（%）	预测变量	相对重要性（%）
DEM	10.47	TM 4	6.13
WETNESS	8.71	TM 3	5.75
PC1	8.59	TM 1	4.75
GREENNESS	8.56	TM 2	3.61
TM 7	7.92	HV	2.50
NDVI	7.67	HH	2.20
NDWI	7.25	SLOPE	1.89
BRIGHTNESS	7.22	总计	100.00
TM 5	6.78		

6）随机森林分类、分类回归树和最大似然法分类的比较

将随机森林方法得到结果与分类回归树和最大似然法进行对比。RF 方法总精度和 Kappa 系数最高，MLC 分类精度最低（表 5-2）。对比各类型精度，由于

水体有明显的光谱特征，三种方法对水体分类精度较高，居民地的精度较低，这是由于分类结果在很大程度上取决于训练样本的质量，样本数多的类型占优，居民地在影像中所占比例较小，在所选取1849个训练样本中仅占6.84%，导致精度较低。RF对沼泽湿地的分类精度高于CART和MLC，其生产者和用户精度均为96.3%，由于RF算法的两个随机因素，使其不易陷入过度拟合，分类树集合正确率更加稳定，再加上雷达和地学辅助数据引入，使湿地分类精度进一步提高。

表5-2　随机森林与其他算法分类精度对比

类型	漏分误差（%）			错分误差（%）		
	CART	MLC	RF	CART	MLC	RF
水田	55.6	46.7	8.3	63.6	27.3	4.4
旱地	21.6	10.9	7.0	13.3	58.7	2.7
水体	0.0	4.3	0.0	22.5	8.2	6.4
沼泽湿地	4.8	9.8	3.7	30.4	41.8	3.7
草甸	32.3	53.1	15.4	47.5	15.0	11.1
居民地	71.7	92.3	13.3	31.0	86.2	16.7
盐碱地	28.6	70.0	5.9	37.5	12.5	26.7
总误差（%）	28.7	43.7	7.4	—	—	—
Kappa	0.616	0.476	0.901	—	—	—

以基于RF算法分类的湿地专题图为基准，分别与CART和MLC算法分类结果图进行叠加分析，比较湿地与非湿地在空间分布上一致与不一致区域，可视化表达三种方法对预测湿地空间分布位置上的区别。图5-4表示RF与CART算法湿地分类结果对比。在湿地核心区基本一致，主要不一致区域在扎龙湿地边界沼泽湿地和草甸过渡带（图5-4A和图5-4B），CART算法将这些区域误分为非湿地。两种方法用相同训练样本和预测变量，与CART算法相比，RF算法引入样本集和特征数目两个随机变量，对数据适应能力强，具有更高的分类精度和稳定性，湿地误分现象得以改善。图5-5表示RF与MLC算法湿地分类结果对比。湿地核心区不一致较多，在草甸与沼泽湿地过渡带（图5-5A和图5-5B），MLC算法将大量沼泽湿地误分为草甸。这是由于MLC仅从光谱特征差异区分地物，草甸和沼泽湿地光谱特征相似，易造成误判，而引入多源数据的RF算法能够结合

湿地的多种特征，从而提高湿地的分类精度。

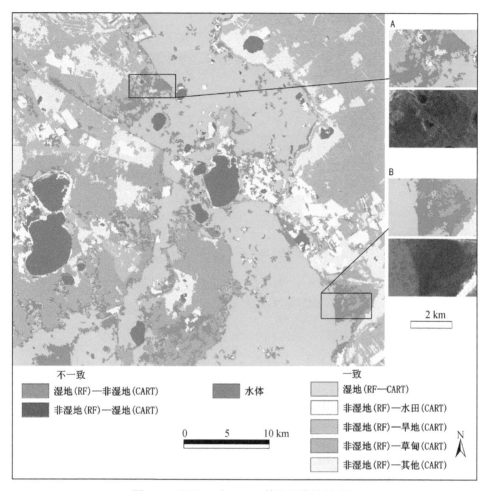

图 5-4　基于 RF 与 CART 算法分类结果对比

　　RF 算法分类结果总精度和 Kappa 系数均高于 CART 和传统 MLC 监督分类方法。RF 分类方法较明显地改善了沼泽湿地分类精度及居民地提取效果。传统 MLC 监督分类方法仅依靠光谱特征差异，需要样本数目较多，易造成类型误判。CART 算法可结合多源数据分类，但 CART 在产生规则时每次只选取一个预测变量分析，而实际过程中类型划分常与多个属性相关，这就会使分类精度降低。

　　RF 算法对扎龙湿地内部沼泽湿地提取效果最好，与 RF 方法相比，CART 和

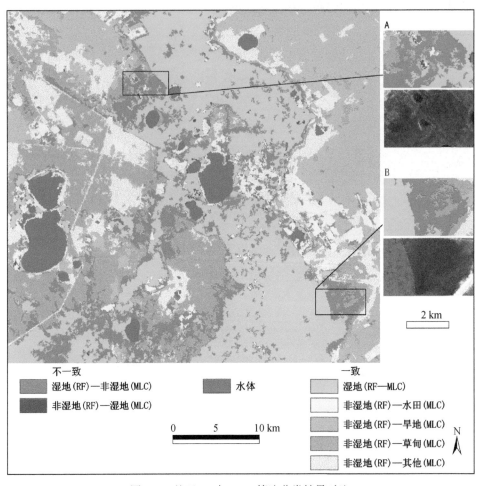

不一致

| 湿地(RF)—非湿地(MLC) | 水体 |

| 非湿地(RF)—湿地(MLC) |

一致

湿地(RF—MLC)

非湿地(RF)—水田(MLC)

非湿地(RF)—旱地(MLC)

非湿地(RF)—草甸(MLC)

非湿地(RF)—其他(MLC)

2 km

0   5   10 km

N

图 5-5　基于 RF 与 MLC 算法分类结果对比

MLC 对湿地提取均出现较多不一致区域。结合多源数据的 RF 算法可以基于小样本数据分类，输入数据既可以是连续变量也可以是离散变量，能很好兼容高维数据，并且在树生成过程中引入了两个随机因素：一是从训练样本中随机抽取训练集来生长树；二是在每棵树的节点处随机选择特征变量进行分支，这使得 RF 分类精度显著提高，改善了沼泽湿地提取效果。

本书将雷达和地形辅助数据纳入到规则中，对湿地分类有很好的辅助作用，其中高程数据贡献率最大，能够较好区分湿地，雷达数据贡献率虽仅有 4.7%。但它对水体十分敏感，可直接监测植被下水体，有利于进一步研究扎龙湿地淹水

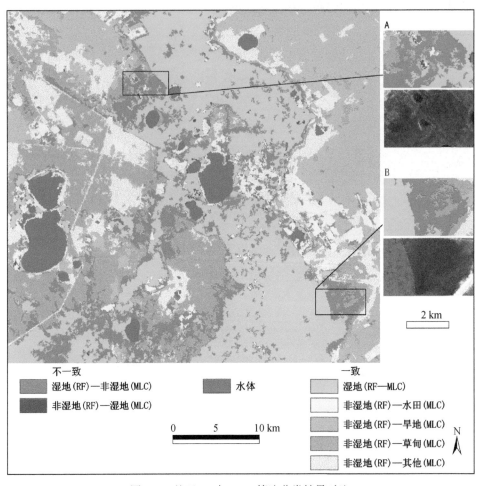

图 5-5　基于 RF 与 MLC 算法分类结果对比

MLC 对湿地提取均出现较多不一致区域。结合多源数据的 RF 算法可以基于小样本数据分类，输入数据既可以是连续变量也可以是离散变量，能很好兼容高维数据，并且在树生成过程中引入了两个随机因素：一是从训练样本中随机抽取训练集来生长树；二是在每棵树的节点处随机选择特征变量进行分支，这使得 RF 分类精度显著提高，改善了沼泽湿地提取效果。

　　本书将雷达和地形辅助数据纳入到规则中，对湿地分类有很好的辅助作用，其中高程数据贡献率最大，能够较好区分湿地，雷达数据贡献率虽仅有 4.7%。但它对水体十分敏感，可直接监测植被下水体，有利于进一步研究扎龙湿地淹水

128

中国东北典型沼泽湿地自然保护区遥感监测

范围。今后还可研究多传感器平台，多时相遥感影像的光谱、纹理特征和地形辅助数据对信息提取的作用及改进随机森林分类的方法，进一步提高分类精度。根据上述研究，结合多源遥感数据，采用随机森林模型对扎龙湿地进行分类。分类结果总精度和 Kappa 系数分别为 92.6% 和 0.901，可较精确地提取扎龙湿地地物信息。芦苇沼泽为丹顶鹤巢址选择最适宜区，提取芦苇沼泽湿地作为植被要素因子。

5.2.2 水深因子的监测

5.2.2.1 扎龙湿地植被淹水范围提取

1）数据源准备

本书选用经过处理的 2007 年 6 月 ENVISAT ASAR 数据，同时 2007 年 6 月对研究区进行野外调查，根据已有的历史记录资料，初步掌握研究区湿地植被的空间分布特征，实地考察扎龙湿地植被分布及生长情况。在湿地主要分布区采集验证样本，区分植被类型。用 GPS 定位并记录湿地植被淹水状况，用于对分类结果进行精度验证。

2）确定兴趣区

结合研究区野外调查实际情况，选取 36 个兴趣区（regions of interest，ROIs），每个 ROI 大约包含 200 个像元，确保 ROI 中像元的一致性，尽量减少混合像元个数。其中，淹水植被 ROIs 为 12 个，非淹水植被 ROIs 为 10 个，明水面 ROIs 为 8 个，裸土 ROIs 为 6 个。提取相应 HH/HV 和 HH/VV 极化影像的后向散射系数值，对比各类后向散射系数的差别。

3）提取淹水范围

选取 HH/HV 和 HH/VV 极化的后向散射系数影像作为预测变量，以 ROIs 作为训练样本，建立 CART 模型，用经济学领域中的基尼系数作为选择最佳预测变量和分割阈值的准则，建立决策树结构。生成完整的决策树结构对训练样本特征描述过于精确，包含过多噪声，不能对新数据进行准确分类。本书采用交叉验证方法对树结构进行修剪，最终生成决策树根节点数目为 6 个，可调误差率为 0.036（图 5-6）。

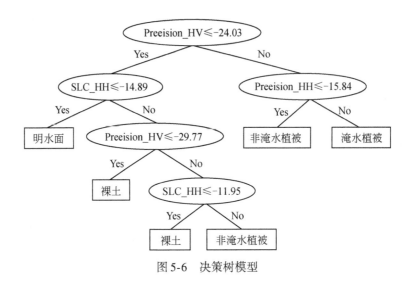

图 5-6　决策树模型

4）ASAR 与 TM 淹水范围提取结果对比分析

由已建立的 CART 模型可知，多视图像中 HV 极化影像在分类过程中起较大作用，贡献率为 34%。多视图像中 HV 极化数据的后向散射系数大于 –24.03dB 且 HH 极化数据的后向散射系数大于 –15.84dB 时，是淹水植被的主要分布范围，根据该规则得到扎龙湿地植被淹水范围空间分布图［图 5-7（a）］，在扎龙湿地核心地区是水体主要分布区。

为进一步说明 ENVISAT ASAR 数据对植被覆盖下水体的提取效果，基于同一时间 Landsat TM 影像，选取 TM1、TM2、TM3、TM4、TM5、TM7，根据相同训练样本提取淹水植被的分布范围［图 5-7（b）］，图 5-7 中 A、B、C 代表部分不一致区域；同时统计淹水植被与非淹水植被面积，进行定量对比分析（图 5-8）。图 5-7 中 A 区域雷达数据将其分为非淹水植被，而在湖泊周围应存在淹水植被，可能由于 CART 算法分析雷达数据阈值有一定误差导致错分。在 B 和 C 区域，雷达数据提取淹水植被的面积多于 TM 数据，因在部分湿地区，植被将水体完全覆盖，仅用TM数据很难识别水体，造成淹水植被的漏分现象。而对非淹水植被ASAR与TM数据提取面积比较接近。因此，ENVISAT ASAR数据能够更好地确定扎龙湿地植被的淹水范围。

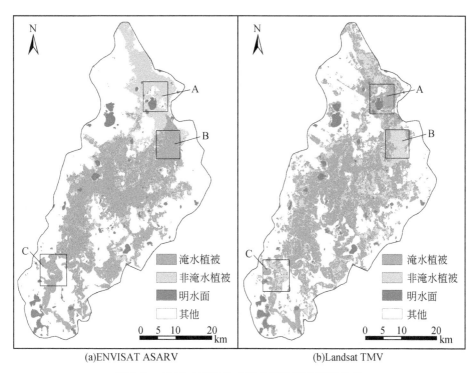

(a)ENVISAT ASARV　　　　　　　　　　　(b)Landsat TMV

图5-7　ASAR与TM扎龙湿地植被淹水范围分布

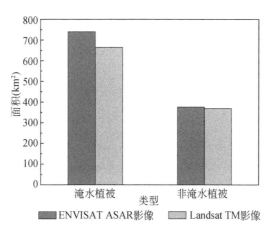

图5-8　ASAR与TM提取淹水范围面积对比

5）淹水范围提取结果精度评价

以采集的 156 个野外实测样本对淹水范围分类结果进行精度验证，基于误差混淆矩阵计算总精度，每一类的制图精度和用户精度，用分层随机采样方法计算 Kappa 系数（Stehman，199），评价结果见表 5-3。基于雷达数据并结合 CART 算法能较好地提取植被淹水范围，总精度为 84.62%，Kappa 系数为 0.68，淹水植被的制图精度和用户精度都在 85% 以上。而非淹水植被的漏分误差为 21.54%，相对较高，可能受雷达数据噪声影响，会造成植被与其他地类的错分现象。扎龙湿地淹水范围是决定丹顶鹤营巢的重要因素，根据制图精度和用户精度可以确定分类模式的有效性，以改进分类模式，提高分类精度并正确、有效地获取分类结果中的信息（吴健平和杨星卫，1995），对进一步研究丹顶鹤巢址选择有重要作用。

表 5-3   基于 CART 分类精度评价

类型	淹水植被	非淹水植被	总和	制图精度（%）
淹水植被	81	10	91	89.01
非淹水植被	14	51	65	78.46
总和	95	61	156	—
用户精度（%）	85.26	83.61	—	—
总精度（%）	84.62			
Kappa	0.68			

6）结论

通过野外实地考察验证，应用 ENVISAT ASAR 影像区分淹水范围有较好的提取精度；但在提取淹水植被过程中，有部分地区出现错分和漏分现象，由于雷达影像本身有噪声极强的颗粒状斑点，降低了雷达影像中地物目标的可识别性，影响目标分类。因此去除雷达影像相干斑噪声的效果决定了淹水植被的提取效果，选用合适的滤波方法抑制相干斑，对提高分类精度有较好作用。

根据 ENVISAT ASAR 与 LandsatTM 影像分类结果对比可知，雷达数据在区分植被下水体方面有很好优势。光学影像很难识别被覆盖水体，而雷达数据具有一定穿透能力,对植被冠层下水体敏感,植被下积水的存在使雷达影像的前向散射增强,从而导致后向散射降低。ENVISAT ASAR影像中,植被淹水区与其他地物类型的后向散射系数有明显区别,结合不同极化方式影像有利于提取植被冠层下积水区的空间分布位置。

5.2.2.2　水深因子的提取

结合ENVISAT ASAR双极化(HH/HV和HH/VV)雷达数据,分析雷达影像后向散射系数,采用CART模型,提取湿地植被淹水范围。将淹水区范围和DEM图层叠加,提取淹水边界DEM值,确定淹水边界DEM均值为143.6。丹顶鹤一般会选择水深0.5m范围内筑巢,根据DEM范围确定水深要素,划分适宜性等级:143.6~143.4为最适宜区,143.4~143.2为适宜区,143.2~143.1为不太适宜区,大于143.6或小于143.1均为不适宜区。

5.2.3　明水面距离因子的监测

根据实地调查研究和专家经验,丹顶鹤一般会选择距离明水面较近的地区栖息,结合分类结果提取明水面,利用ArcGIS距离制图功能,得到明水面直线距离图层(图5-9)。已有研究指出,丹顶鹤会选择距离明水面较近的地区栖息(万冬梅等,2002)。根据明水面距离划分适宜性等级:0~5m为最适宜区,5~10m为适宜区,10~30m为不太适宜区,大于30m为不适宜区。

5.2.4　人为干扰因子的监测

由于人类活动影响,丹顶鹤会在远离人为干扰的地区筑巢。由居民地及公路、铁路矢量数据得到道路和居民地距离图层(图5-10和图5-11);并划分适宜性等级:距居民地距离大于1500m为最适宜区,1500~1000m为适宜区,1000~500m为不太适宜区,小于500m为不适宜区;距道路距离大于1500m为最适宜区,1500~1000m为适宜区,1000~500m为不太适宜区,小于500m为不适宜区。

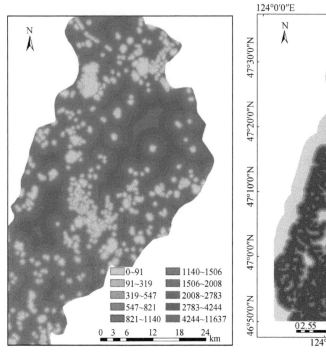

图 5-9　距明水面直线距离图

图例:
- 0~91
- 91~319
- 319~547
- 547~821
- 821~1140
- 1140~1506
- 1506~2008
- 2008~2783
- 2783~4244
- 4244~11637

0　3　6　　12　　18　　24 km

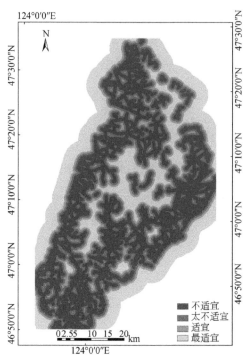

图 5-10　距道路距离分级图

图例:
- 不适宜
- 太不适宜
- 适宜
- 最适宜

02.55　10　15　20 km

中国东北典型沼泽湿地自然保护区遥感监测

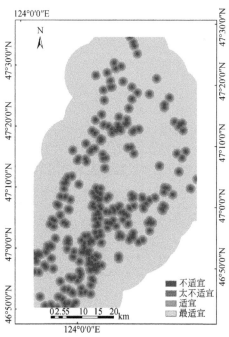

图 5-11　距居民点距离分级图

图例:
- 不适宜
- 太不适宜
- 适宜
- 最适宜

02.55　10　15　20 km

5.3 扎龙自然保护区典型水禽栖息地适宜性评价

影响生物分布的生境影响因子及其权重的确定是成功构建生境适宜性评价模型的标准，各个生境因子对于生物生境适宜性的影响程度是不一样的，各个影响因子的重要程度反映其生境适宜性指数的贡献值和权重，本书基于科学性、客观性原则综合分析，采用层次分析法（analytic hierarchy process，AHP）确定丹顶鹤生境影响因子权重值。

层次分析法，由美国运筹学家托马斯·塞蒂（T. L. Saaty）在 20 世纪 70 年代中期正式提出的一种决策方法。它的基本原理是将组成复杂问题的各个要素层次化，通过对每一个层次的各要素客观进行两两比较重要程度并给出定量的表示，从而确定各层各元素的权重值，最后根据权重值排序综合分析和规划解决问题，以达到战略决策的目的。

层次分析法优点很多，最重要的就是简单明了。层次分析法不仅应用合乎逻辑的方式运用经验；还允许适用于存在不确定性和主观信息的情况，它有一个很大的优点是提出了分层解决指标的重要性，使得决策者能客观认真地思考指标的相对重要程度。

1）建立层次结构

将丹顶鹤栖息地适宜性分为三层，第一层为广义上丹顶鹤栖息地适宜性；第二层为丹顶鹤栖息地适宜性所讨论的内容，即自然要素和人为要素；第三层主要为栖息地适宜性的制约因素，即植被要素、水深要素、距明水面距离、距居民地距离和距道路距离。层次结构如图 5-12 所示。

2）构造判断矩阵

根据丹顶鹤的栖息习性，丹顶鹤依芦苇而生，栖息地的选择同植被要素有重要关系，但芦苇在其植被群落中，经过长期演化，已形成一种分布格局。栖息地质量也与水深要素有密切联系，此外距明水面距离对栖息地也起一定作用。因此，本书研究认为自然要素较人为要素稍微重要（表 5-4）。

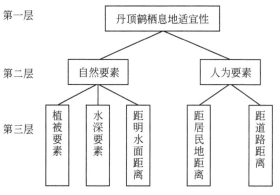

第一层　丹顶鹤栖息地适宜性

第二层　自然要素　人为要素

第三层　植被要素　水深要素　距明水面距离　距居民地距离　距道路距离

图 5-12　层次结构图

表 5-4　自然要素和人为要素重要程度

	自然要素	人为要素
自然要素	1	5
人为要素	1/5	1

植被要素、水深要素、距明水面距离、距居民地距离和距道路距离影响因子进行两两比较时，芦苇沼泽为丹顶鹤提供食物和隐蔽场所，把植被要素重要程度列为第一级，水深要素列为第二级，距明水面距离列为第三级，距居民地距离和距道路距离列为第四级，得到重要性矩阵（表 5-5）。

表 5-5　各要素重要程度

	植被要素	水深要素	距明水面距离	距居民地距离	距道路距离
植被要素	1	2	2	4	5
水深要素	1/2	1	2	3	4
距明水面距离	1/2	1/2	1	2	3
距居民地距离	1/4	1/3	1/2	1	2
距道路距离	1/5	1/4	1/3	1/2	1

3）一致性检验

根据目标层构建判断矩阵，运用方根法计算其最大特征根及其对应的特征向量，进行一致性检验，得到一致性值为 0.0145，小于 0.1，判断矩阵具有较高一致性，通过检验，可得各生境要素权重（表5-6）。

表5-6　各要素权重值

要素	植被要素	水深要素	距明水面距离	距居民地距离	距道路距离
权重	0.392	0.269	0.177	0.099	0.063

由于各要素间相互关联，为便于分析评价，首先对单个要素图层中图斑赋分（图斑分值在0-100之间），考虑各要素的互补作用，给出评价要素分值（表5-7）。

表5-7　各要素分值表

要素	植被要素		水深要素				距明水面距离（m）			
范围	湿地	非湿地	143.6~143.4	143.4~143.2	143.2~143.1	>143.6 <143.1	0~5	5~10	10~30	>30
适宜性	最适宜	不适宜	最适宜	适宜	不太适宜	不适宜	最适宜	适宜	不太适宜	不适宜
分值	100	0	100	85	55	30	100	85	65	35

要素	距居民地距离（m）				距道路距离（m）			
范围	>1500	1500~1000	1000~500	<500	>1500	1500~1000	1000~500	<500
适宜性	最适宜	适宜	不太适宜	不适宜	最适宜	适宜	不太适宜	不适宜
分值	100	80	50	20	100	80	60	30

4）综合评价和结果分析

采用加权求和法计算各个要素评价最终分值，然后根据最终分值进行区间划分，进行丹顶鹤栖息地适宜性综合评价。

据各评价要素分值及其权重，进行叠加分析，将丹顶鹤栖息地适宜性分为四个等级。100~87为最适宜丹顶鹤栖息区，87~79为适宜丹顶鹤栖息区，79~45为不太适宜栖息区，45~18为不适宜栖息区。由此得出最终丹顶鹤栖息地分级图（图5-13）。

丹顶鹤的适宜栖息地主要集中在核心区内，面积占整个保护区面积的17.52%，其中最适宜栖息地占3.02%。核心区中芦苇沼泽湿地较为茂盛，成为丹顶鹤的隐蔽场所，还有充足的食物和水源，适合丹顶鹤栖息；且丹顶鹤栖息地比较完整，但其中也镶嵌着一些"孔洞"式不适宜栖息生境。而在缓冲区和实

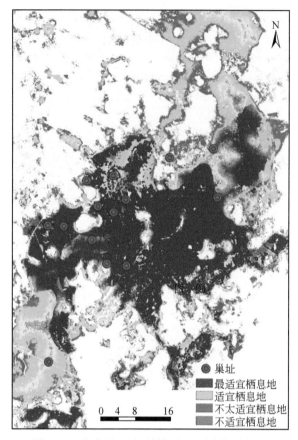

图 5-13　扎龙湿地丹顶鹤栖息地适宜性分级图

验区内分布着部分丹顶鹤适宜栖息地和不太适宜栖息地，以及主要的不适宜栖息地，且适宜栖息地较为破碎。不太适宜栖息地面积占 31.73%，不适宜栖息地面积占 50.75%。由于丹顶鹤属于大型水禽，需要的栖息地面积较大，所以适宜栖息地破碎化后，就会变为丹顶鹤的不适宜栖息地。适宜栖息地面积的减少，会危及该区丹顶鹤种群的生存。

　　结合野外实地调查所发现的 15 个丹顶鹤巢址数对评价结果验证（表 5-8）。丹顶鹤在最适宜栖息地中的巢址数为 3 个，所占比例为 20%，在适宜栖息地的巢址数为 7 个，所占比例为 46.67%。评价结果比较符合实际情况，可作为实际栖息地保护与规划的理论依据。同时利用该栖息地评价结果对 1996 年、2003 年、2005 年丹顶鹤巢址进行统计，得到对比图（图 5-14）。2005 年适宜栖息地巢址数 5 个，所占比例为 16.66%，较 1996 年与 2003 年明显减少，这是由于 2001 年 8 月～10 月和 2002 年 3 月保护区发生大火，核心区 80% 的面积过火，2005 年 4 月保护区再次发生大面积火烧，导致核心区栖息地质量下降，影响丹顶鹤巢址选择。

表 5-8　评价结果验证

栖息地适宜性	最适宜栖息区	适宜栖息区	不太适宜栖息区	不适宜栖息区
丹顶鹤巢址数（个）	3	7	4	1
所占比例（%）	20	46.67	26.67	6.66

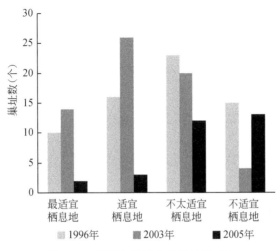

图 5-14　不同年份适宜性巢址数对比

本书采用层次分析法，计算影响丹顶鹤巢址选择的自然要素及人为要素重要性，对丹顶鹤栖息地适宜性评价是可行的。该方法虽然可以确定权重，较精确地评价栖息地适宜性，但由于每个评价人对于各要素重要程度理解不同，因此会存在一定误差。

本书突破了传统的以点带面的栖息地适宜性评价方法，结合遥感与地理信息系统技术对丹顶鹤繁殖栖息地的生境因子进行分布式的定量反演。在此基础上评价扎龙保护区丹顶鹤繁殖栖息的质量，可得到如下结论：

（1）极化雷达影像对于湿地植被冠层下的淹水状态比较敏感，结合雷达影像与大比例尺的地形图可识别湿地植被冠层下的淹水范围。

（2）基于决策树兼容多光谱遥感影像与地学辅助数据的机器分类方法可显著提高湿地植被类型、居民地等生境因子的分类精度。

（3）基于 HSI 模型，综合多种生境因子对丹顶鹤繁殖栖息地适宜性评价。将评价结果与实测的巢址数据进行对比，一致性达到 80% 以上。

综上所述，该方法适宜于淡水沼泽湿地典型水禽栖息地的质量评价研究，对于湿地区域野生动物的保护具有一定的指导意义。

6 保护区湿地管理的对策措施

6.1 保护区湿地管理面临的问题

20世纪以来，人类以史无前例的速度和强度改变着地表环境，使地表景观发生巨大变化，其结果是明显改变了区域景观结构，并对生物多样性保护产生严重影响。为了避免人类活动的影响，各个国家都建立了大量自然保护区，以保护重要的生态系统和珍稀野生动物栖息地。目前，中国已经建立了各种级别的湿地自然保护区430多个，近40%的自然湿地纳入了保护区得到较为有效的保护。到2010年，中国已有50%的自然湿地、70%的重要湿地得到有效保护。无疑，这些保护区在保护湿地资源与生态方面发挥了巨大效益。但随着日益加剧的人类活动影响，许多保护区生态系统严重退化，生物多样性不断下降，保护物种种群不断衰退甚至消失，保护区自然保护的功能受到严重挑战。从景观生态角度上讲，保护区周边土地利用变化对景观结构的影响主要表现在景观的破碎化。而景观破碎化往往导致保护区与周边区域原有的景观生态联系被中断或削弱，使保护区逐渐成为景观中的孤岛，从而影响保护区内的景观生态功能。另外，保护区周边区域景观变化可能影响保护区内原有景观结构，从而改变了保护区生态功能。而这种间接影响则鲜为人知，从而严重制约了保护区的有效管理和可持续发展。

三江平原是我国最大的内陆平原淡水沼泽湿地分布区，也是湿地丧失最为严重的地区之一。从20世纪50年代开始，三江平原湿地由于大规模农业开发而受到人类活动巨大干扰，导致该区沼泽湿地面积急剧下降，目前该区沼泽和沼泽化草甸等湿地面积减少了80%以上。尽管我国已经在三江平原设立了多个自然保护区以保护湿地，但是被农田包围的形似"孤岛"的有限几个自然保护区，由于其周边人类活动加剧正日益面临自然湿地生境消失和退化的窘境。本书研究结果表明，由于近 30 年内大规模的农业开发使得小三江平原的土地覆盖发生了剧烈的变化，研究区大量的天然沼泽被开垦为耕地，特别集中在 1976~1986 年和 2000~2006 年这两个时间段内。洪河湿地自然保护区面积较小，尽管保护区采取了一系列湿地保护与修复措施，开展了大量工作；但由于保护区周边水渠的建立使保护区以孤岛方式存在，加之其周围被农田所包围，大量的地表水与地下水用于农业开采，其水源补给不足，直接影响了保护区的湿地水文条件，继而使湿地水位下降，湿地生态系统退化加剧。三江自然保护区湿地人为破坏严重，保护区原始的沼泽及草甸景观基质在直接人为干扰下迅速地转变成为农田景观基质。

扎龙自然保护区位于黑龙江省西部松嫩平原乌裕尔河下游，总面积为 21 万 hm²，是世界上最大的野生丹顶鹤的重要栖息地和繁殖地，也是目前为止我国最大的丹顶鹤繁殖地。该区所具有的区位条件以及当前所面临的环境威胁对于我国以至于对世界其他位于相同纬度或类似水文条件下的区域具有代表性（刘大庆和许士国，2006）。同时，扎龙湿地还是阻止松嫩平原西部荒漠化向中东部扩展的重要生态屏障，是松嫩平原重要的天然储水空间与区域水量平衡的调节器，是湿地多种服务功能和价值的重要载体（李兴春，2006）。强烈的人为与自然干扰致使湿地水量严重短缺，湿地面积逐渐萎缩，加之乌裕尔河流域的农业开发对下游扎龙湿地的生态环境构成了威胁，扎龙湿地的上覆水及表层沉积物已处于富营养化状态（崔丽娟等，2006；叶华香等，2012）。各种水利、道路等大型工程已经进入湿地，严重破坏了扎龙湿地生态系统的完整性和原始性，导致丹顶鹤的种群数量和繁殖巢数的波动幅度较大。目前情况已引起各级政府的高度重视，该区已开展了多次生态补水，但补水效果并不理想。湿地何时补水、补水多少、补水地点、补水路线等问题，是保护区亟须解决的问题。

6.2　保护区湿地管理的对策措施

由于近 30 年内大规模的农业开发使小三江平原的土地覆盖发生了剧烈的变化，研究区大量的天然沼泽被开垦为耕地，特别集中在 1976~1986 年和 2000~2006 年这两个时间段内。20 世纪 70 年代至 80 年代初期，经济和政策措施（如家庭联产承包责任制和较低的农业生产成本）加速了湿地的开垦，而 2000~2006 年由于政府对农业的补偿政策刺激了湿地开垦，大规模的农业开发使小三江平原湿地生态安全受到严重威胁，对其内部保护区产生了间接影响。

尽管洪河湿地自然保护区面积较小，保护区也采取了一系列湿地保护与修复措施，开展了大量工作；但湿地生态系统退化仍不断加剧。因此为切实保护好洪河保护区湿地，应采取有效措施使沟渠中的水源与其他河道或注水工程相连以保证区内的水资源充足。另外应加强湿地廊道建设，落实引水工程，同时在可能情况下，在保护区周边增加自然植被缓冲区，例如，基于遥感技术建立一定宽度的林带或增加缓冲草场范围等措施。同时提倡节水农业，避免地下水过度开采。

在过去的 30 年里三江自然保护区湿地面积人为破坏严重，保护区原始的沼泽及草甸景观基质在直接人为干扰下迅速转变成为农田景观基质，尽管目前保护区采取了严格的管制措施，避免了湿地资源的进一步流失，但是保护区基质的转变所带来的影响却是长期而且深远的，保护区内部湿地农田化的程度远远超出了其自身调节与修复的能力，这必然加剧现存有限的湿地资源的退化与消失。因此应在加强湿地保护工作的基础上进一步开展保护区内湿地生态系统的修复工程，进行保护区的生态廊道建设是有效的湿地保育措施之一。

扎龙湿地丹顶鹤生存环境的保护工作是一项社会性、群众性和公益性很强的工作，离不开公众的参与，所以要进一步加大宣传力度。通过多种形式、多种途径宣传湿地的重要功能和多重效益，宣传保护湿地、保护丹顶鹤的重要意义。缺水是扎龙湿地退化、生物多样性受到威胁的主要原因。保护丹顶鹤、保护扎龙湿地生态系统的首要问题是如何保证维持湿地生存的需水量。因此迫切需要建立长效补水机制，在干旱年份跨流域从嫩江向扎龙湿地调水，防止湿地因缺水而退化。目前，根据扎龙湿地的实际情况，应采取四个方面的有效措施来满足湿地生态环境的水量需求。一是改造湿地内大型工程，恢复自然水文情势；二是利用现有的水利工程和新建水利工程，引嫩江水入扎龙湿地；三是合理利用和控制乌裕尔河、双阳河水，减少中上游截流、分流河；四是加强乌裕尔河、双阳河流域天然水源的保护和涵养（吴铁宇等，2008）。除此之外，还应严格控制对湿地资源的开发利用，合理控制当地居民耕种、捕鱼、割苇、放牧等生产活动；并积极推进退耕还湿，快速恢复扎龙湿地的生态功能，为丹顶鹤创造良好的生存环境。

6.3 保护区生态廊道设计案例分析

6.3.1 湿地生态廊道的基本理论

湿地生态廊道这一概念是在景观生态学的"廊道"（corridor）概念基础之上构成的，所以，研究湿地生态廊道，首先就需要对湿地景观的构成要素进行分析。湿地景观的构成要素大致分为三类：第一类是反映湿地生态和自然环境条件的自然要素，主要有地形、水体、绿色植物及其他不确定的自然因素；第二类是人工要素，主要是指农村居民的设施和建筑物；第三类是社会要素，指影响农业景观的一种无形的因素，包括人对景观的感知体现和人对景观环境的改造等。本书研究的湿地生态廊道，就是主要基于第一类自然要素和第二类人工要素中的绿色开敞空间进行设计。通过对湿地生态廊道进行系统的分析和构筑，来体现湿地自然与人为的融合和"以人为本"的湿地可持续发展是非常必要的。

廊道是景观生态学中的一个概念，指具有线性或带形的景观生态系统空间类型，其最基本的空间特征是长宽度比，如乡村城镇中的公路、铁路、河流、各种绿化带、林荫带都属于廊道。有学者根据廊道的宽度和内部特征，将其分为线状生态廊道（linear corridor）、带状生态廊道（strip corridor）及河谷廊道（stream corridor）三种（Forman，1986）。湿地生态廊道，就是指在湿地流域生态环境中呈线性或带状布局的，能够沟通连接空间分布上较为孤立和分散的湿地生态景观单元的景观生态系统空间类型。湿地生态廊道，按其生成的方式，可以划分为三种类型：自然廊道、人工廊道和自然—人工廊道。如果把一个湿地景观看成一个相对独立的地理区域系统或景观生态系统，那么，湿地生态廊道按其规模和功能构成了湿地景观生态系统的中尺度空间。

生物迁移廊道的宽度随着物种、廊道结构、连接度、廊道所处基质的不同而不同。对于鸟类而言，十米或数十米的宽度即可满足迁徙要求。对于较大型的哺乳动物而言，其正常迁徙所需要的廊道宽度则需要几公里甚至是几十公里。根据 Meffe 等对北美地区的矮蠖、白尾鹿、短尾猫、美洲狮、黑熊和狼的行为研究表明，它们所需要的迁徙廊道宽度为 $600 \sim 22\,000\text{m}$。有时即使对于同一物种，由于季节和环境的不同，所需要的廊道宽度也有较大的差别。Harris 和 Scheck 建议，当考虑所有物种的运动时，或者当对于目标物种的生物学属性知之甚少时，又或者希望供动物迁移的廊道运行数十年之久时，那么合适的廊道宽度应该用公里来衡量。对于生物保护而言，一个确定廊道宽度的途径就是从河流系统中心线向河岸一侧或两侧延伸，使得整个地形梯度（对应着相应的环境梯度）和相应的植被都能够包括在内，这样的一个范围即为廊道的宽度。Forman 建议河流廊道应该包括河漫滩、两边的堤岸和至少一边一定面积的高地，而且这部分高地应该比边缘效应所影响的宽度要宽。当由于开发等原因不能建立足够宽或者具有足够内部多样性的廊道时，也可以建立一个由多个较窄的廊道组成的网络系统。这个网络能提供多条迁移路径，从而减少突发性事件对单一廊道的破坏。

6.3.2 湿地生态廊道的结构和功能

1）湿地生态廊道的结构特征

湿地生态廊道的重要结构特征包括廊道长度、廊道宽度、廊道曲度、内部主体与道路的连接关系、周遭斑块体的位置与环境坡度、廊道的时序变化、生物种类、植被密度等。通常，生态廊道内可能有一个特殊的内部主体，如溪流、河川、道路、小径、沟渠、围墙等。廊道的宽度及其内部主体所在环境，动植物群落的特性（包括垂直象限的结构），以及物种的组成及丰度、廊道形状、连续性以及生态廊道与周围斑块或基底的互相关系是影响廊道结构的关键因素。

2）湿地生态廊道的基本功能

（1）栖息地。廊道所形成的栖息地通常以边缘种、生存能力强的物种占优势，同时有助于外来种及多栖性物种入侵。廊道的宽度会限制进驻的生物物种，线状廊道多以边缘种为主，带状廊道中央为内部种，边缘则为边缘种。

（2）物质传输。在自然力作用下，水、养分以及有机物质在廊道中移动；能量、气流及种子由附近的环境进入廊道里。动物可沿着廊道移动，并作为巢穴范围，在其中移动、传播、繁殖及迁徙。廊道的宽度及其中移动的物质都可能影响物质传输功能。

（3）过滤或阻抑。对于不同的物质，廊道有不同的渗透率，同时植物及动物也以不同的渗透率进入廊道中。廊道中的狭窄处和断裂缝、廊道的宽度及种类直接影响廊道的过滤或阻抑功能，如河流中的小岛对其过滤或阻抑功能十分关键。

（4）供给源或汇。廊道中移动的物质，如人类、动物、水、植物、养分，甚至是噪音、灰尘、化学物质等，都可以自廊道扩散到周遭的基质环境中，其中较大、较宽的廊道，可能提供更强的供给源效果。

6.3.3　湿地生态廊道的建设

湿地生态廊道建设已成为两个国家级保护区（洪河和三江自然保护区）连接建设和发展的必然趋势。在湿地廊道生态建设方面，我国的一些原始湿地区域起步较晚，但也取得了比较显著的成效，生态环境得到有效的改善。小三江平原是黑龙江省三江平原中面积最大和保护最完好的重要沼泽湿地区域，其中的别拉洪河、浓江、乌苏里江为该区提供了丰富的水资源。建设湿地生态廊道，把分布在三江自然保护区和洪河自然保护区之间以及邻近的分布较为分散的湿地、明水面等生态源地联系成为一个较为完整的湿地生态系统，不仅能够保证小三江平原未来发展能有一个良好的自然背景，同时也可以提供给水禽更多的栖息生存空间。湿地生态廊道的建设有其深厚的背景：一方面，在现有的生态条件基础上，经过野外实地考察该区大片原始湿地的遗留痕迹仍然保留，水资源减少情况下，草地被开垦为农田；另一方面，根据专家经验、资料调研和当地人民的介绍，为湿地生态廊道建设提供可资借鉴的经验和依据。小三江平原生态廊道的崭新定位及其湿地生态景观系统构建的需要，为保护区间贯通连接建设提供了机遇。采用人为干扰度的方法建立洪河和三江自然保护区之间的生态廊道如图 6-1 所示。人为干扰度方法用于量测可受保护的栖息地生态环境的尺度范围、周边区域的干扰量和干扰范围。

用此方法设计出廊道内部的结构布局，以及廊道适宜宽度的尺度范围。该廊道总面积为 1365.57 hm^2，廊道边缘宽度为 1298 m，与专家建议的生物廊道宽度相似，是保护鸟类，保护生物多样性比较合适的宽度。核心区与试验区处于大片原始沼泽湿地区，具备了生态廊道建设的所有环境要素，周边农业用水过多导致

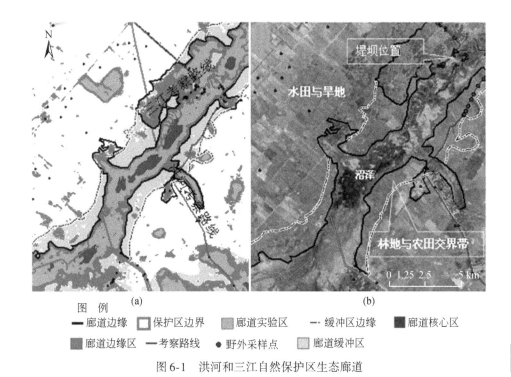

图 例
— 廊道边缘　▢ 保护区边界　▨ 廊道实验区　-·- 缓冲区边缘　■ 廊道核心区
■ 廊道边缘区　— 考察路线　● 野外采样点　▨ 廊道缓冲区

图 6-1　洪河和三江自然保护区生态廊道

试验区水资源已严重不足或枯竭。边缘区与当地农民修筑的人工堤坝部分区域相吻合，人为将湿地与农田隔离开，并种植一些人工防护林。本书在此基础上又建立 945 m 宽的缓冲区宽度，其增加缓冲区后的总面积为 2309.22 hm^2，湿地缓冲带具有过滤污染物的能力，同样具有强大的水土保持功能。合理进行保护区之间的湿地生态廊道布局，对保护区进行退耕还湿的适宜性评价，完成土地资源的再配置，对于三江平原生物多样性的保护和生态系统资源的可持续发展具有重要意义，并可为其他地区保护区的湿地保育和修复提供可参考的方法和手段。

参 考 文 献

白军红, 欧阳华, 徐惠风, 等. 2004. 青藏高原湿地研究进展. 地理科学进展, 23 (4): 1-9.

蔡述明, 张晓阳. 1995. 江汉平原湿地资源及其动态变化遥感分析//陈宜瑜. 中国湿地研究. 长春: 吉林科技出版社.

陈宜瑜. 1995. 中国湿地研究. 长春: 吉林科学技术出版社.

崔丽娟, 鲍达明, 肖红, 等. 2006. 扎龙湿地生态需水分析及补水对策. 东北师大学报 (自然科学版), 38 (3): 128-132.

韩玲, 吴汉宁, 杜子涛. 2005. 多源遥感影像数据融合方法在地学中的应用. 地球科学与环境学报, 27 (3): 78 - 81.

胡茂桂, 傅晓阳, 张树清, 等. 2007. 基于元胞自动机的莫莫格湿地土地覆被预测模拟. 资源科学, 29 (2): 142-148.

黄方, 王平, 王永洁, 等. 2007. 扎龙湿地生态环境变化及其对白鹤迁徙的影响. 东北师大学报 (自然科学版), 39 (2): 106-111.

汲玉河, 吕宪国, 杨青, 等. 2006. 三江平原湿地植物物种空间分异规律的探讨. 生态环境, l5 (4): 781-786.

黎夏, 刘凯, 王树功. 2006. 珠江口红树林湿地演变的遥感分析. 地理学报, 61 (1): 26-34.

李枫, 杨红军, 张洪海, 等. 1999. 扎龙湿地丹顶鹤巢址选择研究. 东北林业大学学报, 27 (6):57-60.

李欣海, 李典谟, 丁长青, 等. 1999. 朱鹮 (Nipponia nippon) 栖息地质量的初步评价. 生物多样性, 7 (3): 161-169.

李兴春, 林年丰, 汤洁, 等. 2006. 扎龙国家级自然保护区土地利用调查与分析. 东北师大学报 (自然科学版), 38 (2): 132-136.

刘大庆, 许士国. 2006. 扎龙湿地水量平衡分析. 自然资源学报, 21 (3): 341-348.

刘吉平. 2005. 三江平原湿地鸟类生境多样性的 GAP 分析. 长春: 中国科学院东北地理与农业生态研究所.

刘兴土. 2007. 三江平原沼泽湿地的蓄水与调洪功能. 湿地科学, 5 (1): 64-68.

刘兴土, 马学慧. 2000. 三江平原大面积开荒对自然环境的影响及区域生态环境保护. 地理科学, 20 (1): 14-19.

刘兴土, 赵华昌. 1985. 遥感技术在土地利用动态研究中的应用——以三江平原为例. 地理科学, 5 (2): 160-166.

刘振乾, 徐新良, 吕宪国. 1999. 3S 技术在三角洲湿地资源研究中的应用. 地理学与国土研究, 15 (4): 87-91.

马龙, 刘闯. 2006. MODIS 在三江平原湿地分布研究中的应用. 地理与地理信息科学, 22 (3): 57-60.

马学慧, 杨青, 刘银良. 1996. 三江平原沼泽开垦前后土壤水分物理特性的变化//陈刚起. 三江平原沼泽研究. 北京: 科学出版社.

梅安新, 彭望琭, 秦其明. 2001. 遥感导论. 北京: 高等教育出版社.

阮仁宗, 冯学智. 2005. 基于多时相遥感和 GIS 技术的湿地识别研究. 遥感信息, (2): 20-24.

阮仁宗, 冯学智, 肖鹏峰, 等. 2005. 基于机器学习规则推理的湿地识别研究. 地理科学, 25 (6): 731-736.

万冬梅, 高玮, 王秋雨, 等. 2002. 生境破碎化对丹顶鹤巢位选择的影响. 应用生态学报, 13 (5): 581-584.

汪爱华, 张树清, 何艳芬. 2002. RS 和 GIS 支持下的三江平原沼泽湿地动态变化研究. 地理科学, 22 (5): 636-640.

王学雷, 吴宜进. 2002. 马尔柯夫模型在四湖地区湿地景观变化研究中的应用. 华中农业大学学报, 21 (3): 288-291.

吴长申. 1999. 扎龙保护区自然资源管理与研究. 哈尔滨: 东北林业大学出版社.

吴健平, 杨星卫. 1995. 遥感影像分类结果的精度分析. 遥感技术与应用, 10 (1): 17-24.

杨永兴. 2002. 国际湿地科学研究的主要特点进展与展望. 地理科学进展, 21 (2): 111-120.

杨志峰, 崔保山, 孙涛, 等. 湿地生态需水机理、模型和配置. 北京: 科学出版社.

叶华香, 臧淑英, 贾晓丹, 等. 2012. 扎龙湿地表层沉积物磷的赋存形态及空间分布特征. 地理与地理信息科学, 28 (2): 108-112.

衣伟宏, 杨柳, 张正祥. 2009. 基于 ETM+ 影像的扎龙湿地遥感分类研究. 湿地科学, 2 (3): 208-212.

于信芳, 庄大方. 2006. 基于 MODIS NDVI 数据的东北森林物候期监测. 资源科学, 28 (4): 112-117.

张树清, 陈春, 万恩璞. 1999. 三江平原湿地遥感分类模式研究. 遥感技术与应用, 14 (1): 54-58.

张彤, 潘和平. 2002. 决策树的形式算法及其在地理信息学中的应用. 测绘通报, 7: 51-53.

参考文献

张彤, 梅安新, 蔡永立. 2004. SPOT 遥感数据在崇明东滩景观分类研究中的应用. 城市环境与城市动态, 17 (2): 45-47.

张养贞. 1998. 三江平原沼泽土壤的发生、性质与分类//黄锡畴. 中国沼泽研究. 北京: 科学出版社.

张志锋, 宫辉力, 赵微等. 2003. 基于 3S 技术的北京野鸭湖湿地资源的动态变化研究, 遥感技术与应用, 18 (5): 291-296.

赵萍, 傅云飞, 郑刘根, 等. 2005. 基于分类回归树分析的遥感影像土地利用/覆被分类研究. 遥感学报, 9 (6): 708-716.

赵英时. 2003. 遥感应用分析原理与方法. 北京: 科学出版社.

郑姚闽, 张海英, 牛振国等. 2012. 中国国家级湿地自然保护区保护成效初步评估. 科学通报, 57 (4): 207-230.

中国人民大学统计学系数据挖掘中心. 2002. 数据挖掘中的决策树技术及其应用. 统计与信息论坛, 17 (2): 4-10.

邹红菲, 吴庆明. 2006. 扎龙湿地丹顶鹤和白枕鹤求偶期觅食生境对比分析. 应用生态学报, 17 (3): 444-449.

邹红菲, 吴庆明. 2009. 扎龙自然保护区丹顶鹤 (*Grus japonensis*) 巢的内分布型及巢域. 生态学报, 29 (4): 1710-1718.

邹红菲, 吴庆明, 马建章. 2003. 扎龙保护区火烧及湿地注水后丹顶鹤 (*Grus japonensis*) 巢址选择. 东北师大学报自然科学版, 35 (1): 54-59.

Aspinall R J, Veitch N. 1993. Habitat modeling from satellite imagery and wildlife survey using a Bayesian modeling procedure in a GIS. Photogrammetric Engineering and Remote Sensing, 59: 537-543.

Bowman G B, Harris L D. 1980. Effects of spatial heterogeneity on ground nest depredation. Wildlife Manage, 44: 806-813.

Breiman L. 2001. Random forests. Machine Learning, 45 (1): 5-32.

Chan J C W, Paelinckx D. 2008. Evaluation of random forest and adaboost tree- based ensemble classification and spectral band selection for ecotope mapping using airborne hyperspectral imagery. Remote Sensing of Environment, 112: 2272-2283.

Clark D B, Read J M, Clark M, et al. 2004. Application of 1- m and 4- m resolution satellite data to ecological studies of tropical rain forest. Ecological Applications, 14: 61-74.

Debinski D M, Jakubauskas M E, Kindscher K, et al. , 2002. Predicting meadow communities and species occurrences in the Greater Yellowstone Ecosystem//Scott J M, Heglund P J, Morrison M L. Predicting species occurence issues of accuracy and scale. Washington DC: Island Press.

Efton B, Tibshirani R J. 1986. Bootstrap measures for standard errors, confidence interval and other measures of statistical accuracy. Statistical Science, 1 (1): 54-74.

Evans J P, Geerken R. 2006. Classifying rangeland vegetation type and coverage using a Fourier component based similarity measure. Remote Sensing of Environment, 105: 1-8.

Geerken R, Batikha N, Celis D, et al. 2005. Differentiation of rangeland vegetation and assessment of its status: field investigations and MODIS and SPOT VEGETATION data analyses. International Journal of Remote Sensing, 26 (20): 4499-4526.

Hanski I, Gaggiotti O E. 2004. Metapopulation biology: past, present and future//Hanski I, Gaggiotti O E. Ecology, Genetics, and Evolution of Metapopulations. Elsevien: Academic Press.

Harralick R M, Shanmugam K, Dinstein I. 1973. Textural features for image classification. IEEE Transactions on Systems, Man, and Cybernetics, SMC-3, 610-621.

Hepinstall J A, Sader S A. 1997. Using Bayesian statistics, thematic mapper satellite imagery, and breeding bird survey data to model bird species probability of occurrence in Maine. Photogrammetric Engineering and Remote Sensing, 63: 1231-1237.

Hess L L, Melack J, Filoso S, et al. 1995. Delineation of inundated area and vegetation along the Amzon floodplain with the SIR- C synthetic aperture radar. IEEE Transactions on Geoscience and Remote Sensing, 33: 896-904.

Horritt M S, Mason D C, Cobby D M, et a; . 2003. Waterline mapping in flooded vegetation from airborne SAR imagery. Remote Sensing of Environment, 85: 271-281.

Hudak A T, Crookston N L, Evans J S, et al. 2008. Nearest neighbor imputation modeling of species-level, plot- scale structural attributes from LiDAR data. Remote Sensing of Environment, 112: 2232-2245.

Jensen J R, Christensen E J, Sharitz R. 1984. Nontidal wetland mapping in South Carolina using airborne multi-spectral scanner data. Remote Sensing of Environment, 16: 1-12.

Johnston C A. 1998. Geographic information system in ecology. Oxford: Blackwell.

Jones N L, Shahrokhi F. 1977. Application of Landsat data to wetland study and land use classification in west Tennessee. In Proceedings of the 11th International Symposium on Remote Sensing of Environment Volume I, Environmental Research Institute of Michigan, Ann Arbor, MI. 609-613.

Kasischke E S, Melack J M, Dobson M C. 1997. The use of imaging radars for ecological applications:

a review. Remote Sensing of Environment, 59: 141-156.

Kindscher K, Fraser A, Jakubauskas M E, et al. 1998. Identifying wetland meadows in Grand Teton National Park using remote sensing and average wetland values. Wetlands Ecology and Management, 5: 265-273.

Lakshmi V, Wood E F, Choudhury B J. 1997. Evaluation of special sensor microwave/imager satellite data for regional soil moisture estimation over the Red River basin. Journal of Applied Meteorology, 36: 1309-1328.

Laura L H, John M M, Evlyn M L M N, et al. 2003. Dual-season mapping of wetland inundation and vegetation for the central Amazon basin, 87: 404-428.

Lei T C, Wan S, Chou T Y. 2007. The comparison of PCA and discrete rough set for feature extraction of remote sensing image classification-A case study on rice classification. Comput Geosci.

Lei T C, Wan S, Chou T Y. 2008. The comparison of PCA and discrete rough set for feature extraction of remote sensing image classification-A case study on rice classification. Computational Geosciences, 12: 1-14.

MacArthur R H, MacArthur J W. 1961. On bird species diversity. Ecology, 42: 594-598.

Macdnald H C, Waitew P, Demarcke J S. 1980. Use of seasat satellite radar imagery for the detection of standing water beneath forest vegetation //Proceedings of the American Society of Photogrammetry. Niagara: MIT Press: 148-150.

Marceau D J, Howarth P J, Dubois J M, et al. 1990. Evaluation of the Grey-Level Co-Occurence Matrix Method for Land-Cover Classification Using SPOT. IEEE Transactions on Geoscience and Remote Sensing, 28: 513 – 519.

Margaret H D. 2003. Data mining introductory and advanced topics. Englewood Cliffs: Prentice Hall.

Martinez J M, Toan T L. 2007. Mapping of flood dynamics and spatial distribution of vegetation in the Amazon floodplain using multitemporal SAR data. Remote Sensing of Environment, 108 (3): 209-223.

Mary A C. 2006. Accuracy assessment of digitized and classified land cover data for wildlife habitat. Landscape and Urban Planning, 78: 217-228.

McGarigal K, Cushman S A, Neel M. C, et al. 2008. FRAGSTATS: Spatial Pattern Analysis Programme for Categorical Maps. Computer software programme produced by the authors at the University of Massachusetts, Amherst http: //www. umass. edu/landeco/research/fragstats/ fragstats. html [2008-08-28].

Merot P, Squividant H, Aurousseau P, et al. 2003. Testing a climato-topographic index for predicting wetlands distribution along an European climate gradient. Ecological Modelling, 163: 51-71.

Moghaddam M, Mcdonald K, Cihlar J, et al. 2003. Mapping wetlands of the North American boreal zone from satellite SAR imagery. IGARSS 2003.

Narumalani S, Zhou Y, Jensen J R. 1997. Application of remote sensing and geographic information systems to the delineation and analysis of buffer zones. Aquatic Botany, 58: 393-409.

Ohnson A R, Wiens J A, Milne B T, et al. 1992. Animal movements and population dynamics in heterogenous landscapes. Landscape Ecology, 7: 63-75.

Pal S K, Mitra P. 2002. IEEE transactions on geoscience and remote sensing, 40 (11): 2495-2501.

Pieter S A, Beck C, Kjellarild H, et al. 2006. Improved monitoring of vegetation dynamics at very high latitudes: A new method using MODIS NDVI. Remote Sensing of Environment, 100: 321-324.

Pope K O, Rejmankova E, Paris J F, et al. 1997. Detecting seasonal flooding cycles in marches of the Yucatan Peninsula with SIR-C polarimetric radar imagery. Remote Sensing of Environment, 59: 157-166.

Ramsey E W, Laine S C. 1997. Comparison of Landsat Thematic Mapper and high resolution aerial photography to identify change in complex coastal wetlands. Journal of Coastal Research, 13: 281-292.

Rogan J, Miller J, Stow D A, et al. 2003. Land-cover change mapping in California using classification trees with Landsat TM and ancillary data. Photogrammetric Engineering and Remote Sensing, 69 (7): 793-804.

Ross S L, Joseph F K, Jayantha E, et al. 2006. Land-cover change detection using multi-temporal MODIS NDVI data. Remote Sensing of Environment, 105: 142-154.

Sader S A, Ahl D, Liou W S. 1995. Accuracy of Landsat-TM and GIS rule-based methods for forest wetland classification in Maine. Remote Sensing Environment, 53: 133-144.

Schwaller M R, Olson Jr C E, Ma Z, et al. 1989. A remote sensing analysis of Adélie penguin rookeries. Remote Sensing of Environment, 28: 199-206.

Stehman S V, Wickham J D, Smith J H, et al. 2003. Thematic accuracy of the 1992 national land-cover data for the eastern United States: statistical methodology and regional results. Remote Sensing of Environment, 86: 500-516.

Stehman S V. 1999. Estimating the Kappa coefficient and its variance under stratified random Sampling. Photogrammetric Engineering & Remote Sensing, 62 (4): 401-407.

Townsend P A, Walsh S J. 1998. Modeling floodplain inundation using an integrated GIS with radar and optical remote sensing. Geomophology, 21: 295-312.

Wagenseil H, Samimi C. 2006. Assessing spatio-temporal variations in plant phenology using Fourier analysis on NDVI time series: result from a dry savannah environment in Namibia. International Journal of Remote Sensing, 27 (16): 3455-3470.

Waitew P, Macdonald H C. 1971. Vegetation penetration with K-band imaging radars. IEEE Transactions on Geoscience and Electronics, 9: 147-155.

Webster R. 1985. Quantitative spatial analysis of soil in field. Advance in Soil Science, 3: 1-70.

Wolter P T, Mlandenoff D J, Host G E, et al. 1995. Improved forest classification in the northern Lake States using multitemporal Landsat imagery. Photogrammetric Engineering & Remote Sensing, 61: 1129-1143.

Zar J H. 1984. Biostatistical analysis (2nd edition). Englewood Cliffs: Prentice-Hall.

中国东北典型沼泽湿地自然保护区遥感监测